读懂孩子的情绪

（升级版）

朱芳宜 著

中信出版集团｜北京

图书在版编目（CIP）数据

读懂孩子的情绪：升级版 / 朱芳宜著 . -- 2 版 .
北京：中信出版社，2025.1. -- ISBN 978-7-5217
-6966-1

Ⅰ. B844.1

中国国家版本馆 CIP 数据核字第 202446Q6D3 号

读懂孩子的情绪（升级版）

著者：朱芳宜
出版发行：中信出版集团股份有限公司
（北京市朝阳区东三环北路 27 号嘉铭中心　邮编　100020）
承印者：北京通州皇家印刷厂

开本：880mm×1230mm 1/32　印张：11.5　字数：257 千字
版次：2025 年 1 月第 2 版　　　　印次：2025 年 1 月第 1 次印刷
书号：ISBN 978-7-5217-6966-1
定价：59.00 元

版权所有·侵权必究
如有印刷、装订问题，本公司负责调换。
服务热线：010-84849555
投稿邮箱：author@citicpub.com

目录

推荐序 了解孩子,和孩子一起成长 / V
前　言 透过行为,看见自己与孩子 / VII

第一部分　读懂孩子的情绪

第 1 章　父母是孩子的"情绪调节器" / 003

体验情绪 \ 帮助孩子增强情绪调节能力 \ 看见和容纳孩子的情绪

第 2 章　帮助孩子面对负面情绪的方法 / 021

帮助孩子调节情绪 \ 帮助孩子应对情绪的方法 \ 和孩子一起做情绪练习

第 3 章 关于共情——你不知道的那些事儿 / 042

> 共情的方法

第 4 章 应对孩子常见的负面情绪 / 057

> 哭闹和发脾气是孩子遭受挫折时的独特语言 \ 孩子哭闹和发脾气时的应对法宝 \ 恐惧是一种基本情绪 \ 帮助孩子搞定"未知"焦虑 \ 愤怒是孩子求助的信号

第二部分　读懂孩子的需求

第 5 章 安全感是一切养育的根基 / 119

> 健康的依恋关系 \ 安全感的建立过程 \ 安全感的影响因素 \ 如何帮助孩子建立良好的安全感

第 6 章 叛逆不是错，读懂孩子的"独立宣言"最重要 / 159

> 请别再说"可怕的 2 岁、麻烦的 3 岁和 4 岁"，叛逆源于自我意识的萌芽与发展 \ 如何面对孩子的"叛逆"行为

第 7 章　有些令人头疼的行为是在告诉你"请看见我" / 185

孩子天生渴望与人产生联结 \ 关注像镜子，帮助孩子感知自我 \ 孩子的问题行为可能是向你寻求关注的信号 \ 过度关注是一种负面关注 \ 如何给予孩子积极关注

第 8 章　总不长记性？孩子的能力别忽略 / 213

我们的期望往往超出孩子的能力范围 \ 从"知道"到"做到"，是最遥远的距离 \ 动机是提升技能的必要前提 \ 重复是获得技能的必经之路 \ 重复对大脑的反复刺激，可以使它形成新的神经回路 \ 支持孩子技能发展的方法

第 9 章　想让孩子更加自信？一味地鼓励可不够用 / 234

自主性与主动性是孩子获得胜任感的天然动力 \ 鼓励是激发孩子胜任感的外部推手 \ 现实成就是激发孩子胜任感的潜在力量 \ 满足孩子胜任感的方法

第 10 章　同伴关系不可或缺，帮助孩子解决社交难题 / 256

影响孩子社交的相关因素 \ 满足孩子社交发展需要的方法

第三部分 引导而非控制的方法

第 11 章 惩罚和控制并不会教给孩子正确的行为 / 281

惩罚的反效果 \ 重新看待隔离和反省

第 12 章 以支持为导向,成为支持引导型父母 / 288

成为支持引导型父母的方法

第 13 章 有效引导的方法——"RULER 沟通模型"/ 297

支持引导型沟通的五步法

第 14 章 迎接父母的挑战,这些实操案例用起来 / 311

孩子打人,只是教他打回去吗?\ 孩子说狠话、脏话,要纠正吗?\ 孩子手机不离手?打好这几针"预防针"\ 做事东一下、西一下,怎样让孩子更专注?\ 拖拉、磨蹭,不吼就不动,该怎么办?\ 老公不带娃?试试这样做

后 记 / 351

推荐序
了解孩子,和孩子一起成长

和朱老师的相识,源于她参加我负责组织的中德儿童青少年家庭治疗培训。当时,她给我留下了深刻的印象——温婉大方、不疾不徐。这是儿童青少年心理健康工作者的重要素质之一。

这本书的内容让我感同身受。阅读时,我的脑海中也立刻浮现出当年陪伴儿子慢慢长大的片段。我特别认同本书中的观点——透过孩子的行为,了解孩子内心的需求。

在我看来,为人父母最大的收获,在于我们拥有更多契机,让自己随着孩子的成长而成长——从了解孩子到理解孩子,从了解自己到理解自己。你相信吗?理解是改变的前提。无论孩子还是父母,只有我们被深深地看到、被理解到,才可能发生真正的改变。

当然,要做到这些改变并不容易,但它一定值得我们付出更多努力。这本书系统地讲解了父母应如何透过孩子的行为,读懂孩子的情绪和需求,同时运用支持引导型的沟通方法来教育孩子。书中的观点既专业又新颖、全面,切中了很多家长的"要害"。例如,家长的吼和哄并不会让孩子的情绪消失;孩子愤怒的情绪是在告诉你，他比任何时候都需要你的帮助；孩子哭闹和发脾气是他遭受挫折时的独特语言……

家长在养育孩子的过程中，不仅有很多欣喜美好的时刻，也会面临大量茫然无措、无助且无奈的场景。我相信这本书会帮助天下父母，让他们真正发挥家长的作用，搭建起良好沟通、融洽相处的亲子桥梁，促进孩子的身心健康发展。

林红　医学博士
北京大学第六医院（精神卫生研究所）儿童精神科医生
中国心理卫生协会心理治疗与心理咨询专业委员会常务委员

前言
透过行为，看见自己与孩子

一个晚上，我3岁的儿子小米正兴致勃勃地拼着他的乐高，我放下手头的工作看了看表，已经9点多了，就对儿子说："都这么晚了，你怎么还在玩？该洗漱了。"他满口答应。不知不觉过了很久，我好不容易完成了手里的工作，走到客厅，却看到儿子还在玩，丝毫没有要去洗漱的意思。这一刻，我彻底憋不住了，冲着他喊道："你还玩呢！看看都几点了！快10点了！你自己在这里玩吧，我去睡了！"说完，我转身就要离开，儿子追了上来，委屈地说道："妈妈，我等你讲睡前故事呢。"听他说完，我的心顿时软了下来。

作为父母，每个人都经历过孩子磨蹭的行为，而每个人都会有不同的处理方式，我选择了最简单便捷的一种——吼叫。你也许认为这就是一个稀松平常的生活场景，在这个场景中有一位因为孩子的磨蹭而发火的母亲，而事实上，每个人的行为背后都可能有一些被忽略的东西。

为什么我儿子会磨蹭呢？也许因为他正专注于做自己感兴趣

的事情；也许因为他还没有足够的时间观念，需要更多的练习以养成习惯；也许因为他渴望跟我有更多的联结而舍不得睡；也许因为我没有激发出他洗漱的自主性，而他习惯了被我提醒和约束；甚至可能是我的情绪混乱放大和固化了他磨蹭的行为。

我为什么会吼呢？工作的超负荷让我没有时间陪孩子，我的心里既焦虑又内疚，当我对着孩子吼叫时，其实是把我内心的所有情绪都发泄出来了，其中还包含对我丈夫的抱怨——为什么他就不能管管孩子呢？为什么我会吼儿子，而不是吼别人呢，仅仅是因为孩子磨蹭吗？事实上，他只是做了每个小孩子都会做的事情，更重要的原因是：他是弱小的，也是我身边最为亲近的人。

作为育儿专家的我，从不缺乏沟通技巧，我可以列举很多种解决这类问题的方法，但是养儿育女并不完全是凭借知识和经验的事情，它还是每个人的人生课题。从事家庭教育这么多年，我最深刻的感受是，很多父母面临的育儿难题中，除了缺乏教育孩子的方法和技巧，还包括不懂如何加深对自己和孩子的了解。我们要更深层次地了解孩子的心理需求，而不仅仅停留在对他们行为的片面认知上；同时，透过孩子，发现自己尚不成熟的一面，让这一面也获得成长，这是为人父母最大的课题。

要做到这一点，就意味着作为父母的你要拥有足够的思考——你不仅要关注如何帮助孩子成长，而且要关注如何让自己通过不断的觉察和思考收获成长。当你能够透过孩子的行为，更多地思考行为背后的感受和需求时，你将看到更为真实的孩子和自己，这会改变你和孩子的互动模式。

在生命的最早期,父母与孩子拥有的互动模式是塑造孩子健全的人格及一切能力的基础。

5岁以前是孩子脑神经塑造的关键期,在这个关键期里,孩子通过与父母的每一次互动形成了自己最初的人格。在这个塑造期里,你会经历很多挑战,孩子会不停地说"不",只要他没有被满足,就会哭闹和发脾气。而透过这些表面的行为,满足孩子内心更深层次的需求,会帮助孩子获得更多的安全感和信任感,建立起最初的自尊与自信。那些频繁发生的日常琐事正是帮助孩子塑造积极人格的重要机会。如果在这段早年关系中,父母情绪不稳定,父母之间经常发生冲突,父母与孩子的沟通方式是控制、溺爱或者忽视的,孩子的信任感及安全感就会遭到破坏,那么由此产生的不安全感就会渗透到他的人格层面,即使孩子长大后处于安全的环境中,他仍然会感觉不安——要么极度自负,过度控制别人;要么极度怀疑自己的能力,过度依赖别人。所谓"性格决定命运",指的就是因童年经历而在一个人的人格层面渗透进来的东西会影响他今后的行为、思考方式、人际关系、情绪调节等方面,也会影响他成为怎样的一个朋友、同事、丈夫或妻子,甚至是父母。

这也是为什么我更乐于专注在0~6岁婴幼儿家庭教育领域。这些年来,很多走入我的线上课程(父母必修的心理课、父母情绪训练营、亲子沟通训练营)的学员里有越来越多0~6岁孩子的家长,很多人并不是为了解决问题,而是预防问题,希望帮孩子用美好的童年塑造和治愈一生的基础,这让我很欣慰,因为这个阶段对于人的一生来说,的确影响太多发展的可能性。

孩子在6岁以前，最重要的影响者就是父母。从孩子的行为及反应模式，我们都可以看到他们与父母互动模式的影子。

那么，你可能要问了，如果我的孩子现在已经6岁了，是不是就意味着他已经定型，无法改变了呢？

答案是，改变随时都可以发生。随着近几年来脑神经科学的不断发展，科学家已得出结论，人的大脑直到生命的最后一刻都是可以被塑造的。但是，孩子在5岁时，大脑基本成型，其脑重量几乎与成人一致。因此，我们需要在生命的最早期帮孩子塑造积极的影响，而能否做到这一点，主要取决于孩子的父母是否拥有良好的思考能力及沟通方式。接下来的工作就像建造房子一样，先建成的部分是后面部分的基础。如果后期你想改变一所房屋的结构，就需要拆掉重建，这是费时费力的事情。所以，即使面对一个青少年期的孩子，你也可能需要从最基础的事情做起，和他重新建立信任感和安全感。与其这样，为什么不从现在开始就为孩子的未来打下坚实的基础呢？

在本书中，你将获得一种新的思维方式来帮助你实现这些转变。你将透过孩子的行为，了解到行为背后的感受和需求。假设一个孩子总是打人，如果仅把打人的行为看成一个问题，那么你就会很生气，会责备他，向他吼叫。而当你有意识地去思考孩子的行为有可能是出自模仿、渴望引起关注或者积累了不良情绪时，你就会平静下来，就会更容易站在如何积极引导而非控制的角度去和孩子沟通。

孩子的能力有限，他们无法准确表达自己的感受和想法，这也是一个好消息，正因为他的能力有限，所以他会毫无顾忌地通过行为将自己的感受和想法袒露给你。而只要你心中有一个意识——所有"问题行为"都是孩子在向你诉说他的感受和需求，你就能用接纳和倾听的方式更多地了解他。而当孩子感觉到你对他的接纳和重视时，他就会安心地把更多深层次的感受和需求袒露给你。

当你有意识地觉察孩子的情绪和需求以后，你的心情也许会放松很多，可以更理性地面对一些问题，愿意用支持性的态度和孩子沟通。所以，本书还将介绍一种支持引导型的方法，帮助你和孩子实现更为积极有效的沟通，避免你再回到吼叫、惩罚、责备、说教的老路上。这个方法并不难，关键在于你能否有意识地去使用它，并且将它灵活地融会贯通。运用书中介绍的"RULER 沟通模型"，你可以做到对孩子既有接纳，又有引导；既有期望，又有支持。

的确，实现这些并不容易，需要你付出时间和心力。然而，这些付出非常值得，你与孩子之间良好的沟通和联结会帮助孩子塑造大脑神经通路之间的联结，从而使他形成健全的人格和心智。薇薇安·格林曾经说过一段使我倍感触动的话："一个人只有曾经经历过被另一个人亲密地对待，被另一个人很好地爱着、很好地理解着，才能真正地明白，这种亲密、安全的依赖是怎样的状态，才能用这样的状态与其他人交往。"

在生命的最早期，孩子会通过与你的互动创建出内在的模型。这个过程就好比学游泳，当一个人学会了游泳，他就会忘记当初是怎样学会的，游泳会变成他身体记忆中一个程序性的内在模型。孩子通过与你的互动建立了一个如何理解他人感受和需求、与他人实现积极沟通的内在模型——这个模型一旦建立起来，就会一直为他所用，会影响他之后的工作和生活，甚至决定他将来成为怎样的父母。

　　作为父母的你也一样，你不必纠结自己学到新方法后依然会时不时地对着孩子吼，也不用担心自己在使用这些方法时不够自然、熟练，你和孩子一样都在建立内在模型的路上，只要你愿意不断地学习和成长，就一定会拥有属于你自己的内在模型。终有一天，你会在无意识的状态下做得越来越好；而现在的你，就是当下"刚刚好"的父母。

第一部分

读懂孩子的情绪

第1章
父母是孩子的"情绪调节器"

还记得你的孩子蹒跚学步的样子吗?那时的他非常坚强,跌倒了会爬起来,继续走——你只是陪着他、保证他的安全,在必要的时候扶他一把。当孩子开始学习说话,他先是和你咿咿呀呀,然后慢慢学会了叫"爸爸""妈妈"——你在兴奋之余继续鼓励他,一字一句地教他说更多的话。

在孩子学走路、学说话这些事情上,我们允许他失败、反复练习,并且鼓励他的进步。然而,对于孩子的情绪,我们缺乏这样的耐心:

孩子因为搭不好积木大发脾气,你会告诉他不可以乱发脾气。

孩子因为你不买玩具生气大哭,你会马上满足他的要求,哄好他,让他别哭了。

无论是吼还是哄,都没有为孩子提供机会,让他体验自己的情绪,孩子更不会像学走路和说话那样,有机会试错和练习。

我们绝不会向一个学走路时跌倒的孩子说:"别走了,要不又跌倒了!"我们会让他有充足的机会体验,因为我们知道走路跌倒是正常的。

那么，我们为什么要把人类本能的愤怒情绪看作不正常的呢？

事实上，我们对孩子习得情绪的过程操之过急了。为什么？答案只有一个：作为成人，我们的情绪不曾被耐心地对待过，更没有机会认真学习过怎样对待情绪！

体验情绪

如果我们对情绪有足够的了解和学习，就会明白它并不是可怕的豺狼虎豹，而是我们每个人不可分割的一部分，就像说话、走路一样。如果情绪体验被阻止和剥夺，我们就无法成长为一个功能健全的人。

然而在现实中，很多时候我们都在剥夺孩子体验和学习情绪的机会。

当孩子有情绪时，我们会用"吼"和"哄"的方式，试图让他们快速平静下来。事实上，无论是"吼"的独裁方式，还是"哄"的溺爱方式，都会让孩子变得更加情绪化。

因为"吼"和"哄"并不会让情绪消失——这些情绪仍会积聚在一个人的身体里，越积越多，以至于发生更多的问题行为，因为感受永远不会因为遭到禁止而消失，它只会被扭曲，并且以异常行为的方式表现出来。

孩子的"情绪小背包"

积聚在身体里的情绪去了哪里?对此,劳拉·马卡姆博士"情绪小背包"的比喻,我觉得极为贴切。她认为,每个孩子身后都有一个隐形的小背包,里面装着他们未能释放的情绪。

一位妈妈告诉我:她的孩子每次哭,她先是"有话好好说",但是没有用,她就会很生气,对着孩子大吼,孩子一听到妈妈吼,就不哭了。

从表面上看孩子安静了下来,而事实上孩子的情绪并没有得到释放,只是暂时被搁置,进入了孩子身后的"情绪小背包"里。整整一天,这个"情绪小背包"有很多机会被塞进孩子的情绪，比如妈妈离开以后，和妈妈的分离焦虑、被小朋友打了、被老师批评或冤枉了、心爱的玩具丢了等等。那么，当"情绪小背包"里的东西越来越多，孩子快背不动时，该怎么办呢？

自然而然，他会本能地想把"情绪小背包"放下来。放下来交给谁呢？妈妈通常是最直接的对象。这恰恰说明妈妈是孩子感觉最亲近、最安全的人，所以就会出现"妈妈没回来什么都好，妈妈一回来孩子就变得娇气，牙也不会刷了、脸也不会洗了、饭也不会自己吃了"的情况。

因为孩子"情绪小背包"里装的是积压的情绪，所以，他最简单直接的减负方式就是哭闹和发脾气。只有当"情绪小背包"里的东西清空后，孩子才能够轻装上阵。

为"情绪小背包"减负

如果孩子的情绪一直得不到释放，"情绪小背包"里的东西越积越多，那么，超负荷的状况就会让他难受得哼哼唧唧，无论是吃饭、睡觉，还是在与朋友玩耍的时候。

长此以往，孩子内心积压的情绪就不只存在于"情绪小背包"里，还会被压抑到他的潜意识中，成为孩子身体的一部分。

当孩子长大成人以后，这些已经流入潜意识的情绪会时不时冒出来。由于这种深层次的情绪不易被觉察，所以人们常常无法控制它，只能在过后觉察到。比如，有位爸爸后悔自己打了孩子，但当时他的情绪根本不受自己的控制，是在无意识的状态下做出来的。也许在他的童年经历中,也有一对情绪不稳定、焦虑的父母,他的这种情绪爆发正是童年的"情绪小背包"里被压抑的情绪使然。

所以,作为父母,你现在拥有一个非常好的机会,就是从这一刻起,允许孩子清理小背包里的情绪,不再增加他的负担。你可以把对孩子说的"不要哭/生气……"变成"你可以哭/生气……"每次孩子哭闹或发脾气时,你就要告诉自己"他只是在清空小背包里的情绪",这样你就能更加耐心地对待孩子的情绪。

我们这样做,是眼睁睁地看着孩子哭闹、发脾气吗?实际上,我们不是放任孩子的情绪,也不是让他们放纵发泄,我们只是要认清孩子的需求——孩子的发育水平有限,他们需要通过哭闹来理解悲伤和沮丧,需要通过发脾气来理解愤怒和恐惧。

在这个过程中,他可能需要你更多的帮助,帮助孩子面对他的情绪就是你的首要工作。

先面对情绪,再解决问题

有时候,你很想马上解决问题。

你会斥责一个发脾气、扔东西的孩子:"乱发脾气、乱扔东西是不对的!"

你会劝解一个因为冰激凌掉到地上而大哭的孩子:"怎么

没拿好啊？别哭了，我再给你买一个。"

你会批评一个屡次犯错的孩子："你不长记性吗？和你说了多少次了……"

然而，这种沟通方式并无效果，不但没有解决问题，反而加重了孩子的情绪，让孩子感到没有安全感，接下来，他要么反抗你，要么退缩逃避，要么和没听见一样一动不动。而孩子的这些反应又会加重你的情绪，接下来你会对着他大吼、威胁、惩罚他，让孩子感到更加不安全，他甚至总是担心地问你："妈妈你还爱我吗？"

事实上，遇到这类情况时，最重要的不是解决问题，而是帮助孩子重获安全感，只有这样，他才有精力思考问题。这源自人类的大脑机制。

源于本能的反应机制

1929年，美国心理学家沃尔特·坎农提出了"战斗-逃跑反应"，这是人们在遇到应激事件时的本能反应。面对他人的吼叫或怒视时，人类大脑中的杏仁核会感到威胁，继而发送信号到大脑中负责产生激素的下丘脑，下丘脑再发出信号，提醒肾上腺释放出皮质醇和肾上腺素，让身体准备"战斗"或"逃跑"。这个过程中，人类的反应与人类在进化过程中保留下来的生存本能息息相关。

除了战斗和逃跑，人类还维持着一项出于原始本能的反应机制——僵住不动。如同动物通过装死来保护自己，让捕食者降低对它们的关注一样，孩子在面对你的批评或责备时也会"僵住不动"。他们表面上似乎对你的责备满不在乎，或者面无表情地望向你、毫无回应。事实上，他们这种麻木的状态也是出于自我保护。

另外，由于危险发生时所有的机制都在为战斗-逃跑反应服务，我们的胃肠道功能也会相应被削弱。因此，当人类长期处于焦虑、恐惧或愤怒之中时，持续的应激状态就会使胃肠道系统和免疫系统出现问题。

孩子在进入幼儿园的前半年、入读小学的前三个月、考试的那一周都较容易出现胃疼、发烧等症状，我们称之为"躯体化反应"。这其实就是身体发出的信号，提醒我们要关注自己的感受，从应激状态中脱离出来，让自己找回安全感。

本能大脑 vs 理性大脑

在孩子的早期经历中，这些机制还影响着孩子的大脑发育以及他们未来的情绪、社交、学习，甚至健康。

如果一个孩子的"本能大脑"，即杏仁核长期、反复被激活，那么，他这部分大脑区域就会越来越活跃，他就会很容易被"威胁"唤起战斗-逃跑反应，应激激素的分泌水平也会比其他孩子更高。长远来看，这类孩子更容易出现情绪化的反应、问题行为，并且健康状况不佳。

更重要的是，当"本能大脑"被激活的时候，"理性大脑"是不工作的——这就意味着他的"本能大脑"总是会战胜"理性大脑",使得"理性大脑"得不到更好的发育。

"理性大脑"中的前额叶皮质也被称为执行功能部分,负责深入地判断、思考、认知、管理情绪、社交、做计划等,这些都是孩子未来学习发展的重要能力。研究表明,如果孩子的"本能大脑"长期处于压力中,比如长期遭受虐待和忽视,就会使他们的应激反应系统超负荷运转,抑制其"理性大脑"的发育,导致其"理性大脑"中的执行功能受损。

婴幼儿的大脑发育是极其迅速的。2岁的孩子每秒钟就有700个神经元突触联结产生,伴随着这种极为快速的发展,孩子到5岁左右,脑重量就已接近成人,大脑中的"高速公路"也基本建成,这个"高速公路"将为孩子未来的认知、情绪、行为、健康提供通路。

虽然大脑塑造是持续一生的事,但如果我们抓住大脑塑造的关键期,就会起到事半功倍的效果。所以,在孩子的婴幼儿期,父母要尽可能为孩子的"理性大脑"提供更多激活的机会,这是一项具有重大意义的工程。

了解到这些以后,你该如何将这些机制运用在与孩子的现实沟通中呢?我们可以试试以下方法。

激活"理性大脑"

·帮助处于情绪压力中的孩子脱离压力状态

当孩子处于情绪当中时,应激系统会被激活。由于孩子的情绪调节能力有限，且这项能力是在对成人的观察以及与成人的互动中形成的，我们要主动给予孩子帮助，比如共情他们的感受，倾听、陪伴、拥抱他们，这样可以帮助他们从压力状态中脱离出来，让他们的"理性大脑"得以激活。久而久之，孩子的"理性大脑"就会得到更好的发育。

· **与孩子保持温暖、积极、稳定的互动关系**

研究表明，长期处于被忽视状态，得不到成人的回应，会激活婴幼儿的应激系统，影响其大脑发育。所以，温暖、积极、稳定的互动对孩子的大脑发育起到关键作用。我们每一次与孩子游戏、互动，抚摸孩子，给孩子微笑、拥抱，都是对孩子的良性刺激，在婴幼儿时期尤其重要。

· **不要在孩子有情绪时提出问题或建议**

当孩子处于情绪之中时，你问他"发生了什么事啊""你为什么要这么做"是没有意义的，因为这需要孩子调动"理性大脑"，而此刻他的"理性大脑"还没有恢复工作。当然，此时你给他讲一堆大道理或提供建议也同样无法奏效。

有些问题的确需要解决，但当下并不是最好的时机。只有当杏仁核脱离激活状态以后，孩子才能和你一起思考、解决问题，向你学习更多应对的技能。这也是强调在孩子有情绪时先陪伴、倾听、共情的原因之一。与此同时，我们还需要为孩子助力，帮助他增强调节情绪的能力。

帮助孩子增强情绪调节能力

开头谈到,"吼"和"哄"并不会让孩子的情绪消失,只会让这些情绪积聚和隐藏起来。可是,如果吼和哄都不合适,那么选择置之不理可以吗?

一位妈妈分享:"孩子哭闹我一般都不会妥协,会让其他人别理他,任他先哭闹几分钟,感觉他没有那么激动了再和他讲道理。"

这种方式也被称为"冷处理"。你可能会认为,既然孩子在哭闹时听不进我们说的话,那么就不管他,等他哭完了再说。但我们要思考的是,孩子表面上不哭了就是他处理情绪的能力变好了吗?冷处理是否有利于孩子长久的情绪发展呢?

有一次,我见到一位妈妈生气地走在前面,孩子在后面拉着妈妈的衣角,哭喊着:"妈妈别走!"

这件事情的起因是,孩子本打算吃的香蕉掉在地上了,尽管妈妈说包里还有,可孩子哭闹着不依不饶,非要吃地上的那一根。妈妈气得转身离开,紧接着就出现了孩子追妈妈的画面。

我非常理解这位妈妈,任何人在面对这种情境时都很难平静地处理。妈妈的转身离去的确有可能让孩子不再"较劲",或者慢慢安静下来。然而在这个看似有效的方法之下，却隐藏着这位妈妈忽略的事实——孩子哭闹的行为背后可能有自己尚未知晓的原因。

比如，孩子正处于完美或执拗敏感期，较劲只是一种自然的表现；或者，孩子是在寻求妈妈的关注和安慰，或者寻求独立的权力；还有可能是孩子累了、困了、饿了、不舒服了……当这些需求未能被看见或满足的时候，孩子就会选择最为直接和本能的方式——哭闹和发脾气。

虽然孩子过后不再因为香蕉的事情哭闹，但他可能会感到自己的情绪并不被妈妈接纳，甚至认为自己下次有情绪时还会被妈妈"抛弃"。孩子之所以不哭了，不是因为他学会了如何调节情绪，而是因为害怕失去妈妈，妈妈也因此错失了一次教会孩子调节情绪的机会。

实际上，这位妈妈真正要做的既不是置之不理，也不是"吼"和"哄"，而是在两者之间寻找一条"中庸之道"——正确地"理"孩子的情绪。

看见和容纳孩子的情绪

关注孩子的情绪首先要从看见和容纳孩子的情绪入手，孩子需要我们的安抚。

一项有关幼儿自主入睡的研究表明，孩子自行停止哭泣可能是因为他们绝望了。

研究人员邀请了几组家庭参与实验。平日里由妈妈伴睡的孩子与妈妈分离3~5天后，独自入睡时不再哭闹不停。

当人们以为孩子能够平稳自主睡觉时，监测数据显示孩子们并不是真的平静下来——他们心率很快，血压和应激激素水平都偏高，状态是焦虑不安的；最重要的是，他们没有哭，是因为他们知道即使哭也没有人理他们。

该研究指出，虽然孩子能自行停止哭泣，但他们并不能自己安抚自己，长此以往会损害孩子的安全感，容易让孩子对父母形成不安全的依恋关系。而如果他们哭泣时有成人的陪伴，那就会大不一样。

由此可见，父母对孩子的情绪给予安抚是非常有必要的。

即使是已经成人的你产生情绪时，对方如果转身离开，或者在一旁冷眼旁观，甚至告诉你"等你安静了再来找我吧"，相信你的内心也会不好受，你不会觉得这个人是在乎你、爱你的，反而会感觉在情感上被抛弃了。

而对于孩子来说，情绪调节能力尚不成熟，我们需要努力带他学习"情绪调节"这一课。情绪调节能力为孩子未来遇到挫败时的自我激励、识别他人情绪以及处理人际关系奠定基础，这些都是孩子情商发展的必备能力。

那么，什么是情绪调节呢？

当你看了一段恐怖电影，害怕得不敢入睡时，你会告诉自己"这是因为我看了场恐怖电影，但电影都是假的"，然后听舒缓的音乐帮助入眠，这是情绪调节；当你特别愤怒，恨不得打倒对方时，你会告诉自己"动粗是一种过度反应"，于是你深呼吸让自己平静，这也是情绪调节。

这些能力并不是一朝一夕就能形成的。培养它们，需要你的"理性大脑"能够经常战胜"本能大脑"，当确认没有威胁之后，"理性大脑"会帮助你尽快回归到安全模式来应对接下来的状况。

所谓的情绪调节能力，就是指大脑从令人不快的经历之中恢复的能力，恢复的快慢则由"理性大脑"中的前额叶与"本能大脑"中的杏仁核之间传递的信号决定。

好在大脑像肌肉一样用进废退，你可以创造机会，让孩子大脑中的杏仁核与前额叶之间发生更多的联系，让孩子有更多的机会练习如何使杏仁核平静下来，缩短它被激活的强度和时间，这样他就有更多的机会增强自己调节情绪的能力。

这是一项大工程，这项工程从孩子发出第一声啼哭起，甚至从孩子还是个胎儿时就已经开始了，你每一次与孩子的情绪互动都在强化他大脑的某一部分。

那么，作为父母，该怎样帮助孩子发展他们的情绪调节能力呢，仅仅是安抚孩子吗？

做孩子的"情绪调节器"

加利福尼亚大学洛杉矶分校神经心理学教授舒尔博士曾说过："孩子在早年经常无法对情绪进行必要的自我调节，但良好的情绪状态又是大脑健康发育的必需因素，因此成人必须充当一个'外部调节器'，来帮助孩子调节情绪。"

所以，当孩子还小时，父母就是孩子的情绪调节器，根据不同年龄孩子的需要来帮助他们。

· 当孩子处于胎儿期时，情绪已经开始受到母亲的影响

母体中无论是因愉悦产生的激素还是因压力产生的激素，都会传递给孩子。有大量研究表明，胎儿是可以感知母亲情绪的，而且这种体验将在某种程度上影响其未来的情绪发展。

· 在生命的最初几个月，婴儿只有有限的情绪调节能力

新生儿有着内置的基本情绪，如满足、厌恶、痛苦、好奇，这能帮助他们从养育者那里获得照顾，然而他们的情绪调节能力极其有限，只能做到本能地"趋利避害"。

当你在逗小婴儿的时候，他开心地蹬着腿，挥动胳膊，咧着嘴笑。然而由于过多的刺激，他开始厌倦这种方式，他会本能地把头转向其他地方，不再看你。当你继续去逗他的时候，他又会转向另一个地方。如果这种不合时宜的刺激持续下去，他可能就会咧嘴开始哭了。这是孩子对超负荷的刺激感到不舒服的表现，下意识地躲避让自己不舒服的感觉，这就是本能的趋利避害。

但是，强烈的情绪并不是婴儿扭过头去就可以消失的，他们还不具备自我调节情绪的能力，需要你的帮助。当你看到婴儿开始做出咧嘴、吮吸这些动作，或者开始哭闹时，你就需要停下来，温柔地抱起他、摇晃他、安抚他，这可以帮助他消解紧张的情绪。

妈妈和孩子的互动就像一场舞蹈，两个人协调、合拍——在心理学上，我们称之为"同调"，长期关注孩子的情绪并与它相协调，使得孩子在这个过程中不断确认和相信自己的感受，这将成为他早期情绪调节能力的基础。

随着孩子坐、爬、走的技能不断提升，以及通过与妈妈的互动习得情绪模式，他们会获得更多的机会和方式来躲避那些让他们不舒服的情绪，他们的情绪调节能力也开始发展。

•生命的最初两年，是孩子的情绪调节能力从萌芽到发展的关键期

在这期间，如果父母能够关注孩子的情绪，那么，孩子就能发展出比较好的情绪调节能力。

反之，当孩子处于婴儿期时，如果父母不善于调节孩子的压力体验，那么，孩子的脑结构就会经常处于应激状态，无法正常发育，导致孩子长大后容易焦虑、冲动，调节情绪的能力较弱。

我时常听到一些父母或老人说："我家孩子总是哭着要抱，为了不让他养成坏习惯，坚决不能一哭就抱。"

事实上，没有哪个小婴儿会刻意用哭来要挟父母，或者因为父母的安慰就养成坏习惯。哭是他们自然、本能的反应，在远古时

代,这就是他们延续生命、获得更多呵护的方式。

还有些妈妈告诉我,孩子的小伙伴最近喜欢咬人,经常咬得孩子哇哇大哭,有时候孩子被咬了,只会看着妈妈哭。妈妈碍于面子,就没有刻意去安抚孩子,嘴上说着"让孩子们自己处理吧",却忽略了只有当孩子被安抚、感受到安全时,才有可能独自面对当下的困难。

在这个阶段,正处于自我意识萌芽期的孩子是通过你的回应一点点获得能力和自我意识的,理解他的感受就是在帮他连接自己的感受,而你的安抚会在很大程度上帮助孩子发展他们的情绪调节能力。

• 幼儿期,孩子的自我调节能力有所增强

孩子已经可以用你以往示范的方式来调节情绪。

比如,他可以用你安慰他的话来安慰自己。

他会自言自语说:"妈妈会回来的,妈妈下班就回来。""小熊别害怕,打针不疼的,打完针你的病就好了。"

比如,他能把从你那里学到的情绪词汇表达出来。

"妈妈,我很害怕,你能抱抱我吗?""我很孤独,你可不可以陪我玩一会儿?"

比如，在父母的重复引导下，孩子学会了用说话来代替打人。

当他冲动地举起拳头时，会克制自己把拳头放下，告诉对方"把玩具还给我"。

这一切，都是孩子情绪自我调节能力发展的表现，同时也能反映在这个过程中父母参与引导的痕迹。

·到了小学阶段，孩子的情绪调节能力会快速发展

他们几乎不会再像婴幼儿期那样情绪化，动不动就倒地哭闹，而是会用语言和解决问题的方式来应对情绪。如果你们关系良好的话，当孩子遇到情绪难题时，他会主动向你诉说和求助。

和同学吵架后，情绪调节能力不同的孩子的解决方式：

A 对自己说："好朋友之间都会发生不愉快，我们可以找机会重归于好。"接下来，他可能会心平气和地和伙伴去解释和沟通。

B 会让冲突升级，比如发生肢体冲突。即使平静下来，他也可能会对自己说："他竟然这样对我，我永远不会再理他了。"然后和其他伙伴说那个孩子的坏话，找碴儿再和他打架。

孩子情绪调节的能力会转变成他内心的声音，而孩子在这一

阶段的情绪调节能力，取决于前几个阶段的发展情况。确切地说，你会品尝到你在孩子0~6岁期间播种下的果实。

　　情绪调节能力好的孩子在共情、伙伴关系，以及应对压力等方面都是积极的。相反，情绪调节能力差的孩子会冲动地宣泄情绪，这种行为反过来又会影响他们在上述方面的能力，当然也会影响他们的学习。

　　但如果前几个阶段并没有发展好呢？答案只有一个，随时调整，"降级养育"把没做好的补回来，也许你收获的果实会晚一点儿，但只要你做了，就会有收获。

第 2 章
帮助孩子面对负面情绪的方法

孩子在 0~6 岁时的情绪发展是一个循序渐进的过程。本章将通过 5 种方法介绍如何帮助孩子调节情绪,以及提供 7 种和孩子一起进行情绪练习的方式,给你更多可实操的方法。

帮助孩子调节情绪

倾听孩子

当我们心情好,孩子也听话的时候,我们几乎都能好好地听他们把话说完;当孩子哭闹时,我们往往就失去听他们说话的耐心,自己的情绪也变得低落,无法真正倾听孩子的需要。

然而,当孩子感到焦虑、不安、愤怒的时候,也正是他内心积压的情绪需要宣泄的时候,此时父母的倾听可以帮助他们更清晰地认识到自己的感受和需要,从而为调整情绪、解决问题铺就道路。

另外，很多时候我们并不是真的在倾听孩子说话，我们只关注自己要表达的观点，夹带着评价和建议"因为……所以……你为什么……"其实，这种方式正在阻碍着我们的交流。

在倾听孩子时，除了简单回应"嗯""哦"，也可以试着对孩子说："你怎么看？说来听听吧。"我们称这种方式为"被动倾听"，这意味着你要放下手里所有的事情，停止表达自己的观点，安静地听孩子说话，仅仅进行简单的回应。比起被动的倾听，还有一种被称为"主动倾听"的方法，它旨在更进一步理解和确认他人的感受和需要。比如，我们接下来要谈的共情式倾听就属于这类方法。

在共情中倾听

什么叫"共情"呢？它是由人本主义心理学的代表人物罗杰斯提出的，是指体验别人内心世界的能力。

共情的特点：

- 深入对方内心，去体验他的情绪、思维，设身处地理解对方，以便更好地理解问题的实质。
- 使对方感到自己被理解、悦纳，从而感到愉快、满足。
- 促进对方的自我表达、自我探索，从而达到更多的自我了解和更深入的双向交流。

共情式倾听，即运用共情能力进行倾听。

海姆·吉诺特博士在著作《孩子，把你的手给我》中讲述了一位老师如何完美运用共情式倾听的方法。

南希 5 岁时，第一次去幼儿园，她的妈妈陪着她。她看着墙上的画，大声问道："谁画了这么难看的画？"南希的妈妈感到很尴尬，她赶紧告诉女儿："把这些漂亮的画说成'难看'是很不友好的。"

接下来，南希拿起一个坏了的玩具消防车，问道："谁弄坏了这辆消防车？"她的妈妈回答说："谁弄坏了它跟你有什么关系呢？这儿你谁都不认识。"

老师回应道："玩具就是拿来玩的，有时候它们会坏，就是这样。"

事实上，南希并不是真的想知道是谁弄坏了玩具，她真正想知道的是弄坏玩具的孩子会有什么样的后果。

南希看上去很是开心，这次会面让她得到了必要的信息："这个大人很好，即使玩具弄坏了，她也不会马上生气，我不需要害怕，待在这里很安全。"南希向妈妈挥手告别，走到老师身边，开始了她在幼儿园的第一天。

从这段有关倾听的故事里，我们可以看到，当我们透过孩子外在的语言和行为，针对孩子的感受和需求倾听孩子时，孩子就会感觉到安全与满足，从而安心地向成人敞开自己的心扉。虽然不一定每个人都能像故事中这位有经验的老师一样，听出孩子语言背后的含义，但我们至少可以避免南希妈妈那种否定和质疑的方式，以免错过和孩子深入交流的机会。

常见的关于共情误区及需要掌握的共情方法，我们在下一章展开。

如何进行共情式倾听

共情式倾听的两个原则：

• 先从孩子感受的角度切入，理解、接纳他们的感受，而不是仅关注他们的行为、语言或观点。

• 放下手里所有的事情，全身心地听孩子说。在这个过程中，不打断他们，不急于说教和提建议，不急于解决问题。

下面的场景能够帮助你更好地理解和扩展这个方法：

> **反例**
>
> 孩子："你把我的零食都吃了？"
> 妈妈："什么叫你的零食，咱们家吃的都是大家的。"
> 孩子："那就是我的。"
> 妈妈："你真是被惯坏了，只想着你自己。"

> **正例**
>
> 孩子:"你把我的零食都吃了?"
>
> 妈妈:"你想吃零食,对吗?"
>
> 孩子:"是,问题是你现在不让我吃。"
>
> 妈妈:"哦,你生病了,你肯定希望自己现在已经好了,那样你就可以吃零食了。"
>
> 孩子:"是啊。"

有时候,我们认为自己在听孩子讲话,但我们听到的却是自己内心的声音,不是孩子想对我们讲的。先别急于针对孩子嘴里说出的话回应他,当孩子说出"不得体"的话时,他并不是要故意气你,而是在邀请你来解读他。解读的关键在于你带着同理心,针对他的感受和需求做出"回应",而不是针对他的语言和行为做出"反应"。

那么,在孩子有情绪的时候,我们应该怎么做呢?

帮助孩子应对情绪的方法

承认并描述孩子的感受

首先承认并描述孩子的感受。有时候,孩子无法清楚地表达自己的感受,经常会用情绪化的行为来应对,我们需要帮助孩子学会如何表达感受，向处于情绪中的孩子传递一个信息："无论你生气、害怕，还是难过，都是最自然的感受，没有对错，我都会接纳你。"同时，为了避免轻描淡写，你还可以帮助孩子把他当下的感受具体地描述出来。

当孩子哭着和你说"我的玩具丢了"时，你可以试着描述他的感受，告诉他：

"玩具丢了，让你很难过。"
"那是你最喜欢的玩具。"
"你连睡觉的时候都会拿着它。"

这会让孩子感到被理解和接纳，同时，也会加深孩子对自己情绪的理解，他可以专注在体验自己的感受上，而不是与父母的情绪对抗上。

慢慢地，孩子的情绪会好一些，即使他依然在哭，你的理解和共情已经给孩子受伤的情绪贴了一块创可贴，接下来就要交给时间了。这也是他体验痛苦的机会，而每一次痛苦的体验都被你理解和接纳，这会让孩子变得更加坚强。

承认并描述孩子的感受有两个要点。

第一，无论是否认同孩子的观点，你都要承认孩子的感受。

感受没有对错，都应该被接纳。比如，当孩子对你说"我不要弟弟，我讨厌他"时，千万不要对他说"不可以这么说"，这只能让他更担心你不再爱他。

这种嫉妒的情感首先需要被承认，你可以告诉他："听起来你不太开心。有时候你会担心妈妈生了弟弟就不再爱你了，小婴儿的确需要更多照顾，可即使这样，我仍然有足够的爱可以给你，你永远都是我唯一的（孩子名字），我对你的爱永远都不会少。如果你感觉不好的时候，就像现在这样告诉妈妈，我也会像现在这样给你一个大大的拥抱，好吗？"事实上，比起讨不讨厌弟弟，他更在乎你对他的爱会不会变少。不断重复这样的话，会让孩子感觉更加安全。

第二，你可以用具体描述的方式帮孩子说出感受。

不要简单地对孩子说："我知道你难过了。""你好生气啊！"而是要详细、具体地描述出孩子的感受，这需要你对他感同身受。

你可以具体地说："你看起来好难过——积木倒了，你用了很长时间来搭它。"或者说："你现在看起来很生气，你肚子里是不是有一个在喷火的小怪物？"从孩子一岁半开始，你就可以试着帮他描述感受了。

下面的场景（孩子正在吃的冰激凌掉到地上了）能够帮助你更好地理解和扩展这个方法：

> **反例**
>
> 孩子："它掉了。"（咧着嘴要哭。）
>
> 妈妈："你怎么不好好拿着呀？还没吃两口呢。"
>
> 孩子：（哇的一声大哭起来。）

妈妈:"哎呀!好了好了,别哭了,妈妈再去买一个吧。"
孩子:"不,我就要这个!"
妈妈:"这都掉了,怎么吃啊?!"
孩子:"我就不,我要这个……"
妈妈:"这孩子真是不听话!"

正例

孩子:"它掉了。"(咧着嘴要哭。)
妈妈:"哦,这样啊。"
孩子:(哭了起来。)
妈妈:"刚买的冰激凌掉了,让你好难过,对吗?"(承认孩子的感受。)
孩子:"我还要。"
妈妈:"好的,我们再去买一个。"
孩子:"我就要这个。"
妈妈:"妈妈知道你特别想吃这个冰激凌。"(帮助描述感受。)
孩子(又哭了一会儿):"我们再去买一个吧。"

解释和说教不但不能改变现状，还会在无形之中增加你和孩子之间的距离。这样一来，孩子要面对的就不仅是痛苦的经历，还有不理解自己的父母。

不要急于试图把痛苦从孩子身边赶走，要让孩子自己去体会，生活不是一帆风顺的，该面对的就要面对。重要的是，他不是一个人在面对，在他经历痛苦的时候，你与他同在。

帮助孩子描述愿望和需要

如果我们可以满足孩子合理的愿望和需要，那就满足他；如果是不合理的，那么可以不满足孩子，但是，一定要尊重孩子的愿望。我们可以使用两个关键句式"**你希望……**"及"**如果……就……**"把孩子的愿望和需要描述出来，这样既表达了对孩子的理解，也让孩子意识到你在乎和尊重他表达愿望和需要的权利。

举个例子，孩子最近生病，却要吃冰激凌。如果你直接说"不行，你还生病呢，不能吃"，没准儿孩子会不依不饶。这时候，他并不能接受理性的解释。你可以不买给他，但要先理解他的愿望，比如说"你希望现在就能吃冰激凌"，或者说"如果宝宝的病好了该多好啊，这样就可以吃冰激凌了"。描述孩子的愿望，会让他们觉得被理解，他可能没能得到想要的东西，却得到了更宝贵的东西——父母的情感支持和无条件的爱。

你会发现很神奇,当你试着理解孩子,并帮他把愿望表达出来的时候,孩子会变得很通情达理。

在使用这个方法时,我们也需要注意一点:即使你描述出了孩子的愿望,孩子仍有可能继续哭闹。

比如在商场里,孩子非要买玩具,即使我们对孩子说"你特别希望得到这辆小汽车,咱们下周就可以买了",但孩子可能仍然会哭闹。

要知道,我们帮助孩子表达愿望的目的,并不是为了让他闭嘴不哭或者让他听话,而是让他既能关注自己的需要,也能关注他人的需要;让他在自己的需要没能得到满足时,因为父母的情感支持,而变得更能承受这份痛苦。

所以,当孩子仍然哭闹时,你需要做的就是陪伴他,允许他哭。如果是在公共场合,你可以把孩子抱到不干扰别人的地方,继续陪伴他。

有的时候，孩子想要得到什么东西就一定要得到，得不到就会哭闹不止。我们刚刚谈到，帮助孩子表达感受是对孩子感受的接纳，但接纳感受并不意味着要满足孩子所有的要求，当遇到孩子的不合理要求时，你同样可以在接纳感受的基础上，尊重地对他说"不"。

下面的场景能够帮助你更好地理解和扩展这个方法：

反例

孩子："我要买那辆小汽车。"

妈妈："咱们家有很多小汽车了，而且今天我们说好的，不买玩具。"

孩子（哭）："不嘛，我就要！"

妈妈："我们可是说好的啊，你要是说话不算话，妈妈以后再也不给你买玩具了。"

孩子：（哭得更大声。）

妈妈：（转身走开，打算冷处理。）

孩子（大哭并扯着妈妈的衣襟）："妈妈你别走……"

正例

孩子："我要买那辆小汽车。"

妈妈："妈妈能感觉到，你特别喜欢这辆小车，问题是这个月我们买玩具的钱已经花完了，需要等到下个月才能买。"

孩子:"妈妈,求求你了,现在买吧。"
妈妈:"你肯定希望下个月快点儿到。"
孩子:"我现在就要!"
妈妈:"我们需要等到下个月。"
孩子:"那还有多少天是下个月?"
妈妈:"嗯,还有10天。"
孩子:(计算着时间。)
妈妈:"我知道你喜欢这辆小汽车,这样吧,我把你要买它的事写下来,然后贴在咱们家的记事板上,这样我们就不会忘记了。"

当我们忽视孩子的哭闹时,他会更加愤怒;当我们因害怕他们哭闹而满足他们的愿望时,他们也会更加愤怒,这两种方式都没能让孩子释放自己的情绪。

当孩子表现出不高兴的情绪时,你要去安抚他,并且倾听他的需求。即使你不能满足他,他也会觉得自己被理解,从而慢慢地平静下来。理解孩子的感受并不意味着不让孩子经历痛苦,而是让他在经历痛苦时更有力量。延迟满足的重点也并不在于"延迟",而在于延迟产生的痛苦情绪能得到理解和接纳。

在这个例子中,孩子很有可能会哭闹着要求你必须买东西给他。如果孩子因为一件事情一直较劲,不排除他身后的"情绪小背包"里积存着情绪,而哭恰好成为孩子释放情绪的机会,这时,平和坚定地接纳孩子的哭闹就好。

帮助孩子描述事情的经过

当孩子遇到情绪困难时,他们对事件的理解往往都是碎片化的。描述事情的经过是帮助孩子将所发生的事件进行整合的一种方法,特别对于语言能力尚在发展中的孩子来说更是如此。

帮助孩子把体验过的事情用语言表达出来,可以帮助他们在自己和自己的"情绪体验"之间建立联系,帮助他们在负责语言逻辑的左脑和负责情绪体验的右脑之间搭建桥梁,促进两者协同发展。

当孩子的玩具被抢了,他哭得很伤心,沉浸在沮丧当中时,你可以帮他进一步理解和梳理感受,帮他描述出事情的经过:

"你刚刚在玩这辆小汽车,一个小朋友过来拿走了它。看起来,他也很喜欢这辆小汽车,但你还想玩,所以,我和你一起走过去对那位小朋友说'请还给我'吧。"

"小朋友把小汽车还给了你。在你还没有做好准备和别人分享你的小汽车前,它会一直在你这里。"

平和、淡定地描述事情的经过,可以帮助孩子加深对整个事件的理解，同时也让他意识到"事情已经过去了，我和小汽车现在都是安全的"。

运用这个方法时需注意三点：

第一，描述方式需要符合孩子的年龄特点。

根据孩子的理解力，你的描述需要符合孩子的年龄特点。

对于1岁半的孩子，你应尽量简洁明了，你可以说："刚刚有小朋友咬了你的胳膊，就是这里，你一定很疼，所以你哭了。现在没事啦，你感觉好些了吗？"

对于6岁的孩子你可以描述得更加详细，你可以说："刚刚你在玩小汽车，另一个小朋友走了过来，也想玩你的小汽车，于是他直接从你手里拿走了那辆车。你不喜欢他直接拿走小汽车，所以你又从他手里拿了回来。现在小汽车还在你这里。"

第二，不带评价地描述事情发生的经过。

不要在描述的过程中评价谁对谁错，更不要用到一些"贴标签"的字眼，比如"他是一个爱打人的孩子""这样做不是好孩子"等。

你只需客观地描述出事情的经过即可，比如"他刚才推了你，你摔倒了，然后你哭了。"

第三，以积极的方式来结尾。

用积极正向的方式来结尾，可以帮孩子重获安全感，同时也可以让他明白任何事都会过去，都可以有积极的结果。

比如，告诉孩子："现在玩具还在你手里，如果你准备好了，可以再分享给别人。"而不是说："后来那个小朋友没把你的玩具抢走,你可以玩自己的,不需要给他。如果他再抢你的玩具,你就抢回来。"

下面的场景(爸爸刚对孩子发完脾气,事后妈妈与孩子沟通)能够帮助你更好地理解和扩展这个方法:

> **反例**
>
> 妈妈:"爸爸今天又发脾气了,你把玩具收起来不就没事了吗,为什么非得和他较劲?"
>
> 孩子:(持续大哭。)

> **正例**
>
> 妈妈:"今天,爸爸希望你能把玩具收起来,当听到你说不想收时,他就生气了,他还说要把玩具都扔掉。当时你很伤心。现在玩具都在箱子里,爸爸的'生气'也已经走掉了。你感觉好些了吗?"
>
> 孩子:"我讨厌爸爸,他是坏爸爸。"
>
> 妈妈:"你还在生爸爸的气。"
>
> 孩子:"对,他太讨厌了,他要把我的玩具扔出去!"
>
> 妈妈:"嗯,爸爸说要扔掉你的玩具,让你很伤心。"

> 孩子：（委屈得哭起来。）
>
> 妈妈：（抱着孩子让他哭了一会儿。）
>
> 妈妈："现在没事了，爸爸的'生气'走掉了，玩具也还在箱子里。其实无论发生任何事，爸爸都爱你。他生气是因为收玩具的事，不是因为你不好。"

在这个例子中，妈妈先对事情的经过进行了客观描述，没有指责孩子不收玩具和爸爸发脾气的行为。同时，她还通过积极正向的暗示和孩子沟通：现在玩具都在箱子里，爸爸的"生气"也已经走掉了。

孩子不仅感到妈妈对自己感受的理解，还在妈妈的帮助下获得了对事件的理解：不是自己不好。在获得这些理解以后，他会重新获得安全感。

用轻松的方式回应孩子的情绪

0~6岁的孩子，大脑发育是从右脑过渡到左脑的。右脑是感性的脑，负责直觉、情感、图形知觉等；左脑是理性的脑，负责语言、逻辑分析、推理、抽象等。

所以，孩子更善于接受感性的、有趣的信息，而不太善于接受语言、逻辑类信息。只要孩子的情绪没有升级到强烈的负面情绪，我们都可以用他们能理解的、感性的、有趣的方式来表达对他们的情绪和需要的理解。

逛超市时，孩子看上了一个玩具，非要买下来。妈妈看了一下价格，希望能在另一个更便宜的地方买，这就意味着孩子需要等待。看着孩子期待的眼神，她灵机一动，对孩子爸爸说："快，给我一张纸和笔。"接着她问孩子："这个玩具叫什么名字？"她很认真地把玩具的名字记录下来，然后告诉孩子，这是他的愿望清单，在下个星期他就可以实现这个愿望。

孩子很开心，跑去问爸爸："快，爸爸，把你的愿望也写在上面吧。"

妈妈用轻松的方式表达了对孩子的理解，即使孩子没能马上得到想要的玩具，他也能收获情感上的满足。

还有一位妈妈分享她的妙招：

"最近宝宝对自动取款机上的插卡很着迷，只要经过自助银行他就要进去看看或者捣鼓一下。有空的时候，我都会尽量满足他。要是赶时间，我就问他是不是想刷卡，他点头，于是我就开始模仿提示音'请插入卡片……请输入密码……'边走边说，宝宝也很开心。"

孩子是很容易满足的，前提是你能设身处地地理解他们的愿望和需求。

如何做到这一点，相信每个人都会有很多创意。既然这是一种建设性的方法，我们就需要尊重它的各种可能性，请记住，我们的目的不是为了让孩子听话和止哭，而是发自内心地尊重和接纳他们。

下面的场景（时间很晚了，孩子还想出去玩）能够帮助你更好地理解和扩展这个方法：

反例

孩子："妈妈，我要出去玩。"
妈妈："不能出去了，现在太晚了，该上床睡觉了。"
孩子："不，我就要出去玩。"
妈妈："你这孩子怎么这么犟，太晚了，不能出去了！来，妈妈给你讲故事。"
孩子："不，我不要故事，我要出去！"
妈妈："这孩子，愿意出去你自己出去吧，小心外面有怪物抓你！"

正例

孩子："妈妈，我要出去玩。"
妈妈："明天我们可以早点儿出去玩。"

孩子："不行，我要现在出去。"

妈妈："真希望现在是白天，这样我们就可以出去玩了。"

孩子："不，就现在。"

妈妈："我知道，你很想出去玩，都有些等不及了。要是我们不用睡觉，从早到晚都可以在外面玩该多好。"

孩子："那就不睡觉了，现在出去吧。"

妈妈："（夸张地）有一个孩子现在就想出去，他现在都等不及让天快点儿亮起来了。"

孩子："我想去玩楼下的新滑梯。"

妈妈："哦，这样，那我们约好了，明天早点儿过去好不好？"

孩子："好吧。"

对于这个例子中所涉及问题的解决方式并不是唯一的，我甚至觉得如果孩子真的很想出去，也不妨带他出去看一下，也许还有机会让他观察一会儿天上的星星，或者借着手电筒的光亮和孩子玩个探险游戏，等等。

正例中所体现的是理解的原则，妈妈不想带孩子出去，但是她能够理解孩子想要出去的愿望，并且以一种轻松的方式设身处地地表达对孩子的理解。孩子虽未得到愿望的满足，却得到了情感上的满足。

和孩子一起做情绪练习

孩子 18 个月以前,我们就可以利用生活中的机会帮助他们理解情绪了。比如,你可以告诉他:"宝宝这么开心啊!""宝宝现在好着急,是吧?"

18~24 个月的时候,孩子已掌握了一些词汇,但情绪词汇需要进一步地积累,我们需要先让他听到这些词汇。

不管你的孩子有多大,你都可以多和他使用情绪词汇——开心、害怕、难过、生气等,这样你就可以不断地向他的情绪资料库中增加信息,这些会成为他理解和表达情绪的基础。

除此之外,你还可以和他一起做一些情绪练习:

深呼吸。深呼吸可以很好地调节情绪,比如在孩子睡不着的时候,一起深呼吸几次,体验让自己慢慢放松的感觉。

哭。哭是释放情绪压力的重要方式,情感泪液中是含有应激激素的,允许孩子哭,就是在给他们从强烈的情绪中恢复过来的机会。

笑。放声大笑可以促使大脑释放出愉悦的激素,大笑能让孩子释放压力,还能以此来增强愉悦感。

运动。毫无疑问,运动是最棒的调整情绪、释放压力的活动之一,即使是简单的跑跑跳跳,都是很好的运动。

画画。让孩子用纸和画笔表达情绪,往往会收到意想不到的效果,当孩子有情绪时,可以让他把当下的感受画出来。

转移注意力。比如,数颜色(有哪些物品是同色系的?)、看书、听音乐等。无论孩子开始专注于哪一件事，都是在帮助他的"理性大脑"恢复工作。

游戏。比如"情绪盒子"的游戏：用不同的颜色来代表常见的情绪（比如红色代表生气），在纸盒子的每一侧都贴上一张带有情绪颜色的纸，每个人都要把自己的情绪颜色展示给其他人。当孩子看到妈妈的情绪盒子显示出来的颜色是红色，就会知道她今天的情绪并不好，那么他就会理解，为妈妈留出空间来调节情绪。

第 3 章
关于共情——你不知道的那些事儿

在上一章节,我们提到可以通过共情的方式倾听孩子的感受和需求,你可能仍然有一些疑问:

共情之后孩子还哭怎么办?

共情了问题还是没解决啊!孩子还是无理取闹地要买玩具,不肯去幼儿园,或者生气时打弟弟。

这是不是就意味着共情无效呢?如果你有这样的疑问,那么,关于共情,你还需要更多、更深入的了解。

共情的方法

共情意味着陪伴和倾听

学习到共情的方法以后,你也许会有一个意识——当孩子有负面情绪时要对他说出共情的话:

"积木被推倒了,让你很生气!"

"小乌龟死了,它是你最好的朋友,失去它一定很难过!"

当你这样共情孩子时,不同的孩子可能会有不同的反应:

有的孩子会感觉到被理解,他会渐渐平静下来;有的孩子会感觉到你是理解他、信任他的人,从而把积压的更多情绪倾倒给你,这就意味着他会再哭一会儿;还有的孩子会依然沉浸在自己难过的情绪当中,情绪的流动是需要时间的,这意味着他需要更多的时间来倾倒这些情绪。

所以,共情意味着用耐心来陪伴和倾听,这是值得的。

因为每一种情绪都有它的意义所在:

要直面失去,首先要感受失去带来的悲伤;要战胜挫败,首先要体验挫败带来的沮丧。在经历了情绪的充分体验后,孩子才会知道自己内心的感受,并有机会去学习如何处理它们。只要有人陪伴和倾听,孩子就能感觉到安全,进而有精力去探索自己内心正在发生的变化,这对他认识自我和他人都起着重要作用。

那么,什么是真正的陪伴和倾听呢?

真正的陪伴和倾听

当我们面对一个处于负面情绪的人时,一种使命感往往油然而生,那就是希望自己能做点儿什么让对方好起来。但这种使命感是出于我们自己的需要,并不是对方的真实需要。而一个有负面情绪的人需要的大多是在一个安全的地方，有一个令他感觉安全的人陪伴着就好。

因此，真正的陪伴和倾听有几个要点：

·不要急于让孩子摆脱负面情绪。

不急于提建议、说教、责备，甚至是哄好孩子。大部分情况下，你只要保持沉默，尽量陪伴着他。但如果是 2 岁以前的孩子，尽可能先转移注意力或者安抚他，帮助他快点好起来。因为这个阶段的孩子情绪调节能力和语言交流能力都不成熟，需要你帮他从无法应对的负面体验中脱离出来。

·让孩子感到安全。

如果孩子一边哭，一边让你抱，那么就抱吧，这不会惯坏他，他只是想重新获得安全感。无论怎样，你都可以不答应他的要求，但是不能让他觉得自己不再被爱了，从而失去安全感。

有的孩子不让抱，他可能会推开你，也许之前在他有情绪的时候，你经常吼他、打他，让他感到不安全，所以，他不相信你现在可以帮助到他，他要把你推开，那么你在旁边陪着他就好。

如果你很想了解发生了什么，或者想谈论解决问题的方法，可以在孩子平静下来以后再聊。

·对于孩子的不得当行为，温和地制止。

如果孩子发生不得当的行为，比如打人、摔东西，你需要温和地制止他。如果他因为被阻止而哭,那恰好可以成为他释放"情绪小背包"的好机会。

- **深入内心、设身处地体验孩子的情感。**

很多父母不知道怎样和孩子共情,比如,该怎么措辞?如果说错了孩子的感受该怎么办?自己说得不自然怎么办?

弗洛伊德将共情描述为"感觉进入",即感觉进入另一个人的感受。

共情并不是指你说了什么话、做了什么事,而是你能否深入对方的内心,体验他的情感和思维,设身处地去理解他。

举个例子,当你面对因为刚搭的积木倒了而痛哭的孩子时,你可能会左右为难,帮他还是不帮他?此刻,如果你满脑子想的都是"他怎么又哭了,要哭到什么时候?我怎么才能让他不哭?",那么你就并没有"感觉进入"孩子的感受。

如果你试着走进他的内心,站在他的角度,你就会产生不同的想法:

"孩子花了很长时间搭这个积木,那是一个让他很得意的大城堡,还没来得及给我看他的杰作,积木就倒掉了,他一定沮丧极了。"

只有设身处地理解孩子当时的感受,才能更精准地运用共情这项情感艺术。

在共情时，你还要注意以下几点：

·态度比语言重要

共情他人时，你的态度比你说什么更重要，因为对方会感知到你是否真正理解他。

有一次，我儿子小米因为作业写到很晚，没时间拼他新买的乐高而难过。他流着眼泪，嘴里说着："我不睡了，我要把乐高拼完！"当然，这些情绪里还夹杂着写作业时和爸爸发生的不愉快。我什么也没有说，只是走到他旁边，用手拍了拍他，然后慢慢地在他身边坐了下来，他就这样默默地流着眼泪。过了两分钟，他站起来说："我去洗漱了。"共情孩子的方式有很多。我也可以说："妈妈知道没拼上新买的乐高让你很难过。"无论是我的语言还是我的陪伴和安抚，都是在向孩子传递一个信息——我看见了你的情绪。

有时候，态度比语言更重要，你不是一定要用语言为孩子的感受贴上"生气""难过"的标签，更重要的其实是你感同身受的态度。所以，一个眼神、一个拥抱、默默地陪伴，都是共情。如果你不知道该对孩子说什么，或者孩子的情绪非常激动时，你过去轻拍他的肩膀、抱抱他、陪伴在他身边，也许正是孩子当下所需要的。

· 以真实为基础

有些父母为了表达对孩子的理解,把"设身处地"理解为一定要表现得和孩子经历过一样的情境,所以他们对孩子说:"爸爸小时候也遇到过这种事。"如果你真的遇到过,你当然可以把你的故事讲给孩子听;如果你只是为了表现出理解而刻意编造,那么就完全没有必要,真实比刻意的理解更重要。

而且,我也不建议你过早地在孩子有情绪时马上岔开话题谈你曾经的经历,即使要谈也是在事情过后。过早转移话题谈你的经历,可能会干扰他对自身情绪的探索和体验。

· 与孩子的情感强度相匹配

对于孩子情感的回应,我们既不能轻描淡写,也不能夸大其词。比如:

> 例一:当孩子因为被小朋友打了而哭得很难过时,有些父母表现得比孩子的情绪还强烈,他们会义愤填膺地对孩子说:"哎呀,他是你最好的朋友,怎么可以这样呢!"
>
> 例二:当孩子生气时,有些父母依然和孩子开玩笑,这时,孩子往往会更加愤怒,因为他会觉得父母不在乎他的感受,认为父母在嘲笑他。

完全匹配孩子的情绪强度的确不是易事,重要的是不要错过孩子给你的反馈。如果你回应完孩子后,孩子的情绪更加激烈，或者他对你说："你别说了！"那么，他就是在向你释放一个信号：你的情绪强度可能并没有和他的匹配。这时，只要你愿意重新感受他的情绪就为时不晚，孩子也会感受到你试图理解他的意愿。

上述的这几点能帮助你设身处地理解孩子。如果你实在不知道该怎样回应一个处于情绪中的孩子，那么不妨静下来想一想如果是你，你希望面前的人怎样对待你，你自然就有答案了。

止哭并不是共情的"终点"

下面的情境，你是否熟悉？

你要出门，孩子哭着不让你离开，你蹲下来告诉他："妈妈知道你不想让我走，我一会儿就回来。"但他仍然一边哭，一边拉着衣襟不让你离开。

说好了不买玩具，而孩子在超市里哭着要买，你共情他："你喜欢这个小汽车，虽然咱们说好了不买玩具，但是你还是很喜欢它。"孩子哇的一声哭得更大声了。

你可能会想：不是说共情会让一个人平静下来吗？为什么孩子仍旧没完没了？

事实上，让孩子停止哭闹和发脾气并不是共情的"终点"。我们无法用"是否哭"和"是否听话"来衡量共情的效果和价值。

共情的神奇之处在于，它会让一个人感受到来自他人的理解，进而更加相信自己的真实感受、更加相信自己和他人。一个被理解和信任的人也更愿意向别人袒露自己的内心，而哭闹和发脾气正是袒露自己深层次情绪的方式。我们在之后的章节，会对这部分内容有更深入的阐述。

当我告诉家长"共情不是用来止哭的"后，一位妈妈留言给我：

> 今晚和仔仔一起散步，回来后，他要求重新再走一遍，可是我已经很累了，很想回家。即使我共情了他的感受，他依然大哭起来，不愿意回家。我告诉他："真希望时间早一点，我们还能再走一遍！妈妈有些累了，我好想咱们家的床啊，我想回去躺一会儿。"可他还是大哭，回到家还猛哭了十几分钟。我一直在安抚他的情绪，慢慢地，他的情绪稳定下来了，还笑着让我给他拿吃的。经过这次，我觉得，他有情绪不再是那么可怕的一件事了。如果是以前，看见他这样哭、这样反抗，我一定会不淡定，或是指责他，或者拿东西哄他，想办法让他不哭。如果能早点儿懂这个道理，该多好啊。

当孩子感到失落、痛苦和恐惧时，如果有人可以陪伴、倾听和理解他，他就会安心地向这个人袒露更多的情绪，这也是很多父母困惑的"为什么共情完以后孩子更爱哭了"的原因。也许孩子在把这段时间累积的情绪安心地都交给你。当他充分地释放完这些情绪以后,就会像个没事儿人一样玩起自己的玩具,和你有说有笑,这时他的情绪释放"工作"就告一段落了。

所以,共情不是"你别哭了",而是"你哭吧,我陪着"。

共情之余,不要追加说教

共情还经常被比喻为"打开心门"。而当我们急于解决问题时,这扇门就会关上。

一位妈妈安慰难过的孩子:"妈妈知道失去小金鱼让你很

难过,你和它是好朋友。"

妈妈认为自己还应该告诉孩子一些道理,所以,她继续说:"你还记得妈妈以前告诉过你很多次吗?不可以把乱七八糟的东西扔进鱼缸里,也不可以喂太多食,这样小金鱼会容易生病,生病了就容易死掉。"

这时,妈妈就把孩子刚刚敞开的心门关上了。

我们经常做这样费力不讨好的事情,我们理解孩子的难过、共情他们的感受,却把对感受的认可当成跳板,急于解决问题,忍不住告诉他们一些经验和道理。可是这些并没有走进孩子的心里,反而伴随着一句句"但是……""可是……"被他们关在了心门之外。

当孩子被他人理解的时候,他的内心会发生变化。当他还没能完全适应这些变化,或者当他的大脑处于应激状态,还没有恢复平静时,他是没有办法听进去任何建议和大道理的。在这种情况下,孩子并不会认为你真正理解他,反而会认为你的共情只是要说服他的前奏,是你用来控制他的工具,所以,你会听到孩子在你做出共情后对你说:"你又来了!你别说了,我不想听!"

你可能会问,那该怎么办?问题难道就不解决了吗?

共情虽然不是为了解决问题,却可以让孩子更加专注于问题。他不需要花时间去想"我的妈妈真讨厌,她根本就不理解我",也不需要花精力思考"我真是没用,这点儿事情都做不好,是我害死了小金鱼"。通过你的理解,他可以专注于自己当下的感受,并且重拾信心和力量，只有这样，他才有可能理解和思考自己面临的问题。沟通是持续的，当孩子平静下来以后，你有很多的机会可以教会他处理问题的技能，重要的是先让他有力量和信心向你学习。

共情并不意味着你要认同孩子的观点和行为

作为父母，你不见得接受孩子所有的观点和行为，但是你需要接受孩子所有的感受。我们有必要向孩子传递一些信息："我尊重和接纳你所有的感受，也尊重你表达观点的权利。同时，我也希望在尊重你的前提下表达我的观点以及对你行为的期望。"

在这方面，我们需要注意两点：

第一，没有任何人的观点和行为永远都是正确的，但每一个人当下的感受是没有对错的，都应该被接纳。

比起针对孩子的观点和行为来沟通，不如先针对孩子的感受。

比如，当孩子和你说"我不喜欢弟弟，我想把他丢出去"，无论如何你都不会同意他这样做，你不需要认同他的观点，或者指责他"你怎么可以这样说呢？他是你亲弟弟"。你只需要接纳他的感受："看起来你很生弟弟的气，一定是发生了什么事情吧。"

我相信，你肯定希望孩子既能自由表达自我，又能尊重他人的观点，那么，当你用这样一种方式回应孩子的观点时，你就在教会他这种能力。

第二，共情并不代表单纯地接纳，你还需要向前一步，教会孩子如何应对自己的情绪。

除了接纳孩子的感受，我们还需要引导孩子的行为。

比如，当孩子遇到挫折、感到沮丧时，允许孩子经历这种情绪是第一步，因为，如果孩子连挫折带来的情绪都没机会体验，又何谈战胜挫折呢？但是，并不是体验了情绪、共情了感受就到此为止，接下来，你还要教孩子如何面对情绪。

> 一位妈妈向我分享："女儿每次和小朋友比赛输了以后，都会崩溃大哭。我每次都会接纳她的情绪，说共情她的话，可又担心她会没有抗挫力。"

这位妈妈的接纳没有错，但是，接纳过后，我们还需要教会孩子如何面对挫折。

比如，你可以在孩子平静下来以后，探讨一下对方为什么会赢——是他更努力，还是他的方法更得当？如果能通过加倍努力或调整方法，让孩子的技能有所提升，甚至赢得比赛，这未尝不是一件好事，因为你借此塑造了一种良性竞争的氛围。如果孩子仍然失败了，那么允许他难过，继续接纳他的情绪。孩子会因此明白，即使失败了，我也不会失去父母的爱。

你也可以和孩子多聊聊他优秀的地方，让他意识到每个人都有自己的强项和优势，失败并不代表自己一无是处。并且，你要在日常生活中多和孩子聊聊自己所遭遇的挫折，谈谈自己是怎样克服困难的，怎样接纳自己的不完美的，等等。

这样，孩子沮丧的感受既得到了父母的接纳，同时还学习了如何接纳别人的优势和自己的不足。

当你真正接纳了孩子的感受，并在此基础上引导他们的行为时，你会出乎意料地发现，孩子的行为变得更加积极，因为好的感受决定好的行为。孩子的感受与行为之间有着直接联系，你所做的一切正是在促成这种联系。

共情≠过度保护

在以前，人们"关注孩子感受"的意识没有现在普遍。现今，很多父母都会期望孩子的心灵免受伤害。对于孩子的感受，我们很容易在接纳和过度保护之间画上等号，以至于把感同身受变成对感受的过分在意。

当孩子有负面情绪时，父母会马上想帮孩子从不好受的情绪里走出来，于是就出现了各种哄、逗、转移注意力，我们会拿着糖果对孩子说："别哭了，给你吃糖。""别哭了，我来帮你。"

如果父母不期望孩子经历痛苦，那么当孩子悲伤难过的时候，父母就会充满焦虑和不安。作为孩子，他不但没能得到父母的理解，还会对自己现在的感受充满疑惑，"难过好像并不是什么好事，爸爸妈妈不希望我难过"。

长此以往，当类似的情绪出现时，他就会变得焦虑不安。为了避免这种情绪，他会否定、隐藏自己的真实感受。当父母的回应回避了孩子真正的问题时，就会干扰孩子应对现实生活中各种变化的能力，让他们变得不堪一击。

我和我先生也犯过同样的错误。一天，儿子小米回家时闷闷不乐，原来是足球队因为一时疏忽输掉了比赛。于是，我们俩就开始你一言、我一语，迅速进入好父母的角色：

"哦，因为疏忽输掉了比赛，的确是很沮丧。"
"想想你们夏天时的那场比赛，踢得多精彩。"
"是啊，想不想来点儿酸奶，或者吃点水果？"
"下次比赛应该就好了。"

小米看起来很不耐烦，对我们说："你们不就是想让我开心起来吗？可我现在不开心！"

这句话让我迅速警醒，我们在做什么？为什么想马上就安抚好他？承受不了这种感受的人是他，还是我们自己？我儿子说得没错，我们的关注点并不是理解他现在的感受，而是满心希望他赶紧从这种感受里脱离出来，我们的目标只有一个——让他开心。在这种想法的驱使下，即使我们说出了"输掉比赛的确很沮丧"这样的话，却并没有真的感同身受。

事实上，孩子的感受不需要被过度保护，而需要被认真对待。即使是还不会说话的孩子也有难过和愤怒的权利，他们不需要父母保护他们不去经历负面情绪，而是需要父母在他们经历这一切的时候能够理解他们，并让他们仍能感觉到安全，从而更深入地探索和感知自己的内心。

　　而这一切都基于父母自身能否承受痛苦。当我们拒绝孩子的情绪时，我们往往拒绝的是自己幼年时未被接纳的情绪。所以要想做到真正接纳孩子的感受，我们需要先接纳自己。

第 4 章
应对孩子常见的负面情绪

孩子在成长过程中会遇到各种各样的情绪困难，本章通过 5 个小节梳理孩子常见的情绪问题，以及提供可行的方法，帮助你把孩子的各个情绪场景变成孩子情绪发展的机会。

哭闹和发脾气是孩子遭受挫折时的独特语言

在我以往与父母接触的经验中，哭闹和发脾气是 0~6 岁的孩子父母在孩子情绪方面咨询最多的问题，他们的困惑具有普遍的共性，比如：

> 不让孩子做一些事情，他就躺在地上打滚。
> 孩子总是歇斯底里地大哭，无论怎么说都没有用。
> 想要什么就必须满足，如果得不到满足就会大发脾气、

扔东西、打人。

0~6岁的孩子，情绪经常是来得快、走得也快。他们会哭闹、发脾气，表现得无理取闹。

当面对这些情况时，很多父母都无力应对，要么妥协，满足孩子的要求；要么大吼大叫，用怒气来制止孩子；要么选择冷处理，干脆不理他，让他哭个够。虽然无论通过怎样的方式，孩子最终都会平静下来，但这个过程实在煎熬。重要的是，下次同样的场景、同样的哭闹可能还会重演。

要解决这个问题，我们首先需要思考：为什么孩子会哭闹和发脾气？在这些行为的背后，还有哪些我们忽略的东西？

不成熟的技能：用哭闹和发脾气表达情绪

从进化的角度讲，婴幼儿在未发育成熟、具备自我保护的能力以前，会通过哭闹和发脾气来引起成人更多的关注，以此生存下去。

那么，婴幼儿的技能不成熟都表现在哪些方面呢？

第一，孩子的认知以自我为中心。

因为缺乏心智化的思考能力，2岁以前的孩子常常以自我为中心，只从自己的感受和想法出发。他认为别人和自己的感受和想法是一致的——"我的"就是"你的"；他并不知道人和人之间还会有不同的感受、愿望、想法和意图。

当一个孩子想翻抽屉的想法被妈妈拒绝时,他会非常愤怒,因为他认为妈妈和他的愿望和意图应该是一致的,为什么妈妈会拒绝他呢?对妈妈恶意的看法和内在的困惑会让他感到愤怒和无助。

直到2岁左右,伴随着自我意识的发展,他才会意识到自己和外部的世界是有区别的,他和妈妈的感受和想法是不一样的。即使是这样,他仍然没有办法站在他人的角度思考,而你讲的一堆大道理,他仍然听不进去。

5岁以前,孩子在愿望没能得到满足时,只会专注于自己的想法,自顾自地表达。伴随着认知和经验的发展,他开始关注到别人的想法和感受,慢慢地完成"去中心化"的任务,这时因为被拒绝而导致的哭闹和发脾气就会自然而然地减少。

第二,孩子的理解能力不成熟。

我们经常习惯给孩子讲道理,例如"你非要吃糖,所以咳嗽严重了""你大哭大闹,所以我不能给你买想要的东西"。当孩子手里的饼干碎了,哭闹着想再要一块完整的饼干时,我们会告诉他:"别哭了,家里没有饼干了,这是最后一块,其他的昨天都让你吃了呀。"而这些回应往往会导致孩子进一步发脾气。

这些"因为……所以……"的逻辑解释考验的是孩子逻辑思维的发展程度,4岁以前的孩子逻辑思维的发展还非常不成熟,无法很好地理解事物之间的因果联系。所以,当我们一味地摆事实、讲道理时,孩子并不能完全理解;同时,你说教、责备、威胁的态度很可能让他的情绪升级。在这种混乱的状态下,他只能用哭闹和发脾气来发泄心中的不满。

一位妈妈曾向我咨询:"我家宝宝一岁半,特别喜欢细长的物品,比如筷子、笔或牙刷,平时抱着的时候还会让他玩一下,在地上走的时候我想帮他收起来,他就表现得很不愿意,最后演变成我强硬地把东西抢过来,之后他就会大哭。我会和他说'在地上走的时候拿这些东西特别危险,我帮你收起来,一会儿再玩',但他听不进去,一直哭。没办法,我只能再给他。"

这类事情一般都会发生在这个年龄段,孩子听不明白父母的逻辑解释,在他们看来,东西被你拿走了就是没有了,他不能理解"抱着玩可以,地上走着玩不可以",以及你说的"一会儿再给你"。并且,伴随着自我意识在这个阶段的萌芽,孩子也不会像以前那样听话了。

另一位同年龄孩子的妈妈问我:"孩子做了危险的事,我对他说'不可以',但他总是愣愣地看着我,然后就开始大哭,有时候还会跑过来打我。我想知道怎么和孩子说,才能让他不那么抗拒。"

我通过了解得知,孩子的反应是因为妈妈的语气过于强烈,他不明白妈妈为什么不让他拿这个所谓"危险"的东西,他是被妈妈的吼叫吓到了。而且,孩子平时是老人带得多,老人很爱孩子,怕孩子受伤害,很多事情不允许孩子做,即使是一些正常的探索行为也会被阻止。当孩子表示反抗而打老人时，老人只是乐呵呵地接受。通过这些，我们可以了解到孩子这一系列表现的缘由。

当孩子三四岁时，他们会像"十万个为什么"一样，每天缠着你问这样那样的问题："小鸟为什么会飞啊？""雨是从哪儿来的呀？"他们的逻辑思维开始萌芽，他们开始思考事物之间的因果联系，但仍需注意一点，萌芽并不代表成熟。所以，与婴幼儿沟通时，成人式的逻辑解释并不是最合适的方式。

第三，孩子的情绪调节能力有限。

1岁半以前的孩子还不完全具备自我调节情绪的能力，父母需要帮助他们调节情绪压力下的体验。

> 一位1岁男孩的妈妈曾告诉我："孩子想要东西时，总是特别急躁，如果不给他，他就会很生气，还摔手里的东西。"

很显然，这个小男孩还不具备调节情绪的能力，当遇到令他感到挫败的情绪时就会本能地大发脾气，而这种激烈的表现也说明父母平时对孩子的管束和拒绝过多了。

孩子3岁以后，情绪调节能力随着语言的发展以及经验的积累而增强了，此时的他拥有了一定的调节能力，但还不成熟。

> 一位男孩的爸爸告诉我："我的宝宝4岁多了，遇到不满意或不喜欢的事情就大吼大叫，如果得不到满足，还会变本加厉。经过我们多次引导、劝诫后，他有所改善，但是依然

控制不住，会哭闹。"

事实上，不是我们引导、劝诫了孩子，他们就能控制住自己的情绪，因为他们的情绪调节能力尚在发展当中。但只要方式得当，每次发脾气的机会都可以成为帮助他们发展情绪调节能力的机会。

所以，在婴幼儿时期，你需要做孩子的"情绪调节器"（参看第1章），这在一定程度上可以帮助他调节情绪。随着年龄的发展，孩子的情绪调节能力会不断增强，这类发脾气的情况也会有所好转。

第四，孩子的语言交流能力有限。

小孩子的语言交流能力有限，他们还没办法通过良好的沟通来说出自己的感受和想法，或向你解释自己为什么坚持要做某件事情。所以，这就相当考验父母的观察和反思能力了。我们需要更多地陪伴他们，主动解读孩子发出的各种信号。

一位孩子的奶奶向我咨询，她的孙子1岁半了，每次吃饭时脾气都很大，有时候连饭也不吃了，就把碗扣在桌子上或者扔到地上。

从这位老人的具体描述中我了解到，每次吃饭时，奶奶都觉得孩子吃得很邋遢，不允许孩子自己吃饭。但吃饭本来是孩子自己的事情，限制换来了孩子的反抗。当然，如果仅仅是吃饭的事，孩子不会有这么大的情绪，在其他的事情上奶奶的限制也比较多。对于一个1岁半的孩子而言，探索是他与生俱来的天性，自己做主也是这个阶段的典型表现。面对成人的阻拦，他还不能用语言来表达自己的不满，他能怎么做呢？唯有哭闹和发脾气。

一位爸爸向我咨询，他的孩子2岁，感觉特别没有耐心，会指着东西表示自己想要，当无法拿到自己想要的东西时就会烦躁哭闹。

这种情况有很多可能性。如果父母平时限制过多，或者没有关注孩子的需求，当孩子想要做一件事情时，要么阻止，要么不理会，这样孩子就会积压情绪，容易变得情绪化。假设孩子白天老人带、晚上妈妈带，老人的方式可能是孩子用手一指，马上就把东西递给他了，但妈妈带孩子时，可能会刻意训练他等待，不会马上就把东西给他，结果孩子就会急躁、没耐心。这两种方式会让孩子的体验不一致，进而难以学会等待。无论是哪一种原因，都与孩子的语言发展能力相关。2岁的孩子虽然可以用语言表达自己，但他仍然无法将一些复杂的情绪表达出来。如果孩子的语言能力发展得较好，他就更容易用语言来表达自己的想法，而非哭闹。

3岁以前的孩子经常出现打人行为的原因也是类似的。有些父母告诉我："孩子的要求得不到满足就哭闹、打人，不喜欢用语言表达。"这恰恰是因为他们没办法整理好自己的语言，无法把复杂的情况表达清楚。一般在孩子3岁以后，伴随着语言能力的发展，这种发脾气的情况会逐渐减少，因为他可以更好地用语言来沟通了。

哭闹和发脾气是孩子寻求独立的方式

哭闹和发脾气可能还意味着孩子在寻求独立。

孩子的自我意识在 1 岁左右开始萌芽，在 18~24 个月到达顶峰，三四岁时仍然是孩子自我意识的高速发展期，这期间的孩子对于任何事情都希望有所掌控、能够独立自主，这是他成长发展过程中的正常表现。一些父母对这个过程并不了解，导致和孩子发生矛盾，引发孩子激烈的情绪。

"孩子什么事都要自己做，大人帮他做了，他一定要自己重新做，一旦不合意就会大哭。"

"孩子非常不听话，总是说'不要'。只要不顺从他的想法，他就哭。"

"孩子玩游戏时，几次不成功就会扔玩具、发脾气。"

以上都是孩子希望独立自主的典型表现。这个阶段的孩子的自我意识非常强，当他做某事失败、自己做不了或者别人阻止他做事情时都会发脾气，我们常称之为"可怕的 2 岁"。而正是因为父母对这个阶段孩子的成长规律不了解，所以才会把这些表现定义为"可怕"。实际上，这只是孩子成长过程中一个普通的过渡阶段，而且只要掌握一定的方式方法，就能让它成为孩子下一个阶段的成长契机。关于这个阶段具体的表现和应对方法，我们将在之后详细阐述。

父母与孩子的沟通不当会导致孩子哭闹和发脾气

"当遇到不能满足的要求时，孩子就会生气地扔掉周围所有的东西，还会躺在地板上捶地，这个时候我们跟他说任何话他都不听，直到要求被满足或是被冷落一段时间后才能平静。我真是不知道该采取什么样的方式来对待他。"

在与发脾气的孩子沟通的过程中，父母会采取不同的方式。

有的父母会选择溺爱的方式，马上满足孩子的要求。例如，当孩子哭闹和发脾气时，怎么沟通都没有用，只好妥协。而这势必会造成孩子把哭闹作为满足要求的一种方式。

有的父母会很严厉，因为他们担心"要是总这样依着孩子，孩子以后脾气会越来越差"。为了避免惯坏孩子，他们会严厉批评孩子的做法，而这种方式往往更容易使孩子的表现恶化。例如，父母会说："当我批评孩子时，孩子的脾气更大了。即使我告诉他哪里做得不对、应该怎样做，可话还没说完，他就又开始发起脾气或者哭起来，听不得任何批评的话。"

事实上，3岁以前的孩子很难接受自己做得不够好的评价，他们也同样无法面对别人的批评，不希望别人说他不好。听到批评与指责，他们最直接的反应就是用情绪化举动表达出来。这是因为他们处于独立意识的萌芽和发展期，而且他们还不会像大孩子那样思考和解释，他们所掌握的表达方式很有限。所以，在受到批评时，他们只知道哭和发脾气，有时候甚至一句都说不得。对于这个年龄段的"说不得"需要父母做更多调整，多注意自己和孩子说话的态度、方式，少些责备、批评，转而更多接纳孩子感受，这样情况就会慢慢好转。

还有一些父母会选择冷处理，不理会孩子。这会让孩子感觉被抛弃，会让他更加沮丧和痛苦，很多经常经历冷处理的孩子都有一个特点：他们很难从情绪里脱离出来，会陷在情绪里很久。

孩子发脾气，只因压倒了他情绪的"最后一根稻草"

"平时一块饼干掉在地上都没关系，今天却不行，孩子非要不依不饶。"

孩子发脾气的原因也许和这块倒霉的饼干没有关系，很可能是缘于白天在幼儿园和小朋友发生了冲突或者和妈妈分离一整天带来了焦虑，也可能因为家里多了二宝——这都会使孩子积累情绪。当情绪和压力积累到一定程度时就会爆发出来，这个爆发点也许是一块弄掉的饼干，也许是不让看的动画片，还有可能是搭积木或穿衣服时的不如意——这些在平时看来不起眼的小事都会成为压倒孩子情绪的最后一根稻草。

一位 2 岁半男孩的爸爸告诉我:"最近孩子脾气特别暴躁,一定要家里人干这干那,都听他的才行。我们试过把他拉到一边,平和地跟他说话,但他就是不听,非要大家按照他的意思来。大人一讲道理他就大哭大叫,一不顺心就倒地大哭,而且会哭上半个小时。我们把他抱起来就一直让抱着,试过离开、等他哭累了再抱起来,结果又是一个恶性循环!"

在这个例子中,孩子执着于对成人的要求,会哭上半个小时,这种一再的"恶性循环"传递了一个信号:孩子的情绪积累过多了。他并不是因为当下的某件事情在发脾气,而是因为在此之前就压抑了很多情绪。这些情绪可能因为父母平时的过度控制;也可能因为他承载了成人太多的情绪,比如父母经常冲突、家庭的不和谐;也可能还有其他的原因,比如更换了抚养人、身体上的不舒服等。对于这些情绪,他没有办法自行消化,他期望通过让成人听从他的话来获得一些控制感,以降低自己的焦虑和不安。而他相信,一个愿意被他控制的人一定是爱他的。然而,成人的讲道理和不配合使他进一步失控,强烈的挫败感和焦虑感促使他崩溃了。

当你发现孩子因为一件事情不停地大哭特哭时(当然,排除你吼叫和威胁他的原因),有可能是孩子积累的情绪过多,让他们无法承受。情绪像水一样,多了就会溢出来,他们需要一个出口释放积累的情绪压力。

压力的释放也常常发生在孩子放松下来以后，你和他的情感联结更加牢固的时候，比如你共情他以后、游戏过后、你下班回到家以后，这些让孩子放松和安全的时候会成为他们释放积压情绪的时机，这时他们可能变得更爱哭、更爱哼唧、更黏你，这些哭仅仅是释放而已。所以，不要和孩子当下的哭闹和发脾气较劲，你很有可能忽略掉很多深层次的原因。

·发脾气是期望被关注

如果你这段时间比较忙，忽略了与孩子在一起的陪伴质量，或者你刚刚生完二宝，没能很好地陪伴大宝，又或者你一直比较关注孩子不好的行为，很少向他表达爱，那么，你的孩子很有可能会发脾气。虽然这种释放"信号"的方式不太得当，但他发现，只有这样你才能注意到他。

一位4岁女孩的妈妈曾向我咨询，孩子最近开始要求她买这买那。孩子会说："为什么别人都有，我没有？"如果不买她就会哭闹。

这种情况的原因有很多，可能是父母放大了孩子的反应，小孩子很容易看到别人在吃和玩某样东西时"眼馋"；也可能是因为父母对孩子的关注出了问题，这里指的关注是情感的关注。事实上，这个年龄段的孩子完全可能因父母的陪伴和爱放弃很多东西，只有在情感上匮乏的孩子才会用物质来代替。孩子把玩具或衣服当成了本来应该以父母为主的情感客体，所以拥有这些东西会让他感到满足。

之后，在谈到关注的需求的部分，我会详细阐述这部分需求的表现和应对方法。

孩子哭闹和发脾气是重回安全模式的有效机制

如果你仔细为引发孩子哭闹和发脾气的情境分类，你会发现这是有规律可循的。比如：

- 当孩子被阻止做某件事情时。有父母说："我阻止孩子做想要做的事时，他就会发脾气，根本不听劝。""宝宝平时看电视并不多，可是每次只要看见我要关掉电视，他就会和我哭闹、发脾气。"
- 当孩子的要求没能得到满足时。有爸爸说："宝宝脾气特别急，一不顺着他或者响应得稍慢一些，他就会急得大叫。如果我不满足他的要求，他就会号啕大哭。"还有妈妈说："宝宝想要吃饼干，不给他吃就开始闹，怎么说都不听，就在地上打滚！"
- 当孩子想要做的事情没能成功时。有妈妈说："宝宝玩游戏尝试几次不成功，就会扔玩具发脾气！""孩子自己穿鞋子时，有一只没有穿好就会很生气地大哭。"

上面所有情况都与孩子面临挫败时的情绪有关，挫败令他们沮丧，这种情绪是孩子最难以应对的。对于成人而言，这些小事可能不算什么，但对于各方面能力都不成熟的孩子来说，他们会产生强烈的挫败感。他们只能凭着当下自己极其有限的语言交流能力、情绪理解能力和调节能力，以及解决问题的能力来面对，因此，哭闹和发脾气就成了他们面对挫败时的独特语言。

事实上，孩子的哭闹和发脾气并不是坏事情。

哭闹和发脾气能帮助孩子在面对挫败时维持生理的平衡，他们需要通过自己擅长的哭闹和发脾气来代替逻辑和语言，从而把沮丧情绪释放掉，让体内的压力激素恢复平衡，重新回到安全的轨道上。在这之后，他们才能专注于令他们挫败的事情。如果我们不允许孩子哭闹和发脾气，那就是在阻止他们经历挫败和沮丧。如果孩子连经历的机会都没有，他们又怎么会有机会来面对挫败呢？他们往往就会在困难时选择放弃。

允许孩子哭闹和发脾气，当他们平静后才会更加轻松地面对挫败，继续做刚才未能成功的事，或者接受拒绝，转而做被允许的事，这一过程会让孩子变得更加坚强，他们也会因此拥有更强的抗挫力。

除了上述原因，引发哭闹和发脾气的常见因素还有很多，比如生理原因，像困了、累了、饿了、病了，或者受成人的情绪影响。你会发现，当你情绪不好、总爱发脾气的时候，孩子也是如此。

当我们开始思考这些影响因素时，我们所看到的就不仅仅是孩子哭闹和发脾气的行为，还有这些行为背后的独特语言。

接下来，我们再来谈一谈，当孩子哭闹和发脾气时，我们可以做些什么。

孩子哭闹和发脾气时的应对法宝

觉察自己的感受和反应

我们之前谈到，哭闹和发脾气是孩子在面对挫败时让自己恢复生理与心理平衡的方式，这对于婴幼儿是必不可少的，问题是，父母在面对这种情绪时常常感到崩溃，通过吼、哄、冷处理等方式马上制止孩子，这些方式都是对孩子情绪的不接纳，因为你所有的关注点都放在了如何让孩子停止哭闹和发脾气上。

为什么我们如此见不得孩子哭闹和发脾气呢？很多时候源自我们自身的焦虑。

回想一下，当孩子哭闹和发脾气时，你的感受是怎样的，又是如何应对的？不妨回忆一下，在儿时的记忆里，你的父母是怎样对待你的哭闹和发脾气的？而当父母阻止你发脾气时，你的感受又是怎样的？神奇的是，在你面对孩子哭闹、发脾气的方式中，你会或多或少地找到你父母当年的影子。

当然，你也可能因为发脾气遭到父母的打骂而耿耿于怀，所以你发誓不要再这样对待自己的孩子。你也许真的做到了，但有一点可以肯定的是，如果你曾有过发脾气时被否定的经历，那么当面对孩子的脾气时，你的内心是很难淡定的，你可能开始打、骂、吼，也可能很快就满足了孩子的要求，或者干脆视而不见、让自己逃离，因为这样会让你感觉好一些。

如果你觉察到了这些，那么你可以从今天开始重新看待孩子的哭闹和发脾气。首先，你遇到的情况不是特例，这是再自然不过的事情，此时的你并不是孤军奋战；同时，你可以告诉自己，孩子并不是针对你，也不是因为你做得不够好，他只是在释放多余的情绪垃圾，然后让自己变得更好、更健康。

不断地觉察和反思会让你对孩子的哭闹和发脾气有一个全新的认知，也会让你更从容、淡定地面对这些情绪。以后，当孩子再次哭闹和发脾气时，你就不会再试图阻止他，而是会全然地接纳他，而这也意味着你接纳了曾经不被接纳的自己。

倾听孩子的情绪，帮助他重新恢复平静

倾听孩子的情绪，意味着你要给孩子哭闹和发脾气的机会，而不是在这种时候给他讲道理。此刻他的"理性大脑"是不工作的，在这种应激状态下，你需要做的是接纳他、让他感觉到安全，等他平静下来以后他才能听得进去你所说的话。

那么，怎么帮助孩子重新恢复平静呢？

首先，处理自己的情绪。

如果你在孩子发脾气时感到特别烦躁，还不能处理好自己的情绪，那你不需要强迫自己陪伴他，暂时离开一下也是一个合适的

做法。如果孩子还不到3岁，他也许还不能接受你的离开，那么你可以温和地告诉他，你能感觉到他现在很不开心，但你现在也不太舒服，这不是因为他，而是因为你自己有情绪，所以，你要找个地方冷静一下。不管他能不能听明白，你的态度都传递着你并不会遗弃他的信息。当然你最好不要离太远，最好在他的视线范围内。

如果是大一点儿的孩子，你可以平时就和他约定好，当你情绪不好的时候，你会先处理自己的情绪。你可能会回房间安静一会儿，心情好了再出来；你也可以在门上挂一块牌子，上面写着"冷静中"，或者请孩子帮你画一幅画，代表你要冷静一下。这样，如果你离开孩子去其他房间，他就会明白你在帮助自己冷静下来。

陪伴孩子时，我们要先处理好自己的情绪，这一点特别重要，因为你只有照顾好自己，才有能力照顾孩子。

二是陪伴。

比如面对因没能系好鞋带而发脾气的孩子，你能做的就是尽可能平静地倾听，不要在这个时候没完没了地对他说："别着急，没关系。"这样的话无法教会孩子接受生活中的不如意，也不会让他变得坚韧。而当你允许他发一会儿脾气时，他往往就能接纳自己做不好的事实，重新开始努力，因为他已经把挫败的情绪释放了出来，他的"理性大脑"又恢复了工作。之后，如果他仍不能独立做到，你也可以给予他一定的帮助。

三是允许孩子哭出来。

如果你们所处的环境是公共场所，那么就把孩子抱起来，带他到不会干扰别人的地方。前面讲到过，哭是孩子释放情绪的重要方式，当一个大发脾气的孩子有机会哭出来，并且他的哭也被你接纳时，他就开始疗愈自己的情绪了。当他发现在排解这些痛苦时，爸爸妈妈完全"接得住"，他就会感到有所依靠，能够重新获得安全感及力量感。

不和孩子的情绪较劲，把感受和行为区分开

有人问："如果不顺从孩子，他就会哭闹和发脾气；但如果什么都依着他，会不会把他惯坏？"

事实上，我们不需要所有的事情都顺从孩子，我们需要把感受和行为分开，接纳令孩子感到挫败的感受，同时引导他调整因挫败产生的不得当行为。如果孩子一边发脾气一边扔东西、打人，那么你的处理方式需要让他感觉到发脾气是正常的，但扔东西、打人这些行为是需要调整的。

我们拿几种最常见的情况来举例。第一种情况，孩子倒地大哭。

倒地大哭是最令父母崩溃的一种情况。有一点可以肯定的是，倒地大哭的孩子正在经历强烈的负面情绪，可能是愤怒，可能是伤心，等等。无论是哪一种情绪，他的感受都需要被接纳，接下来，我们再去调整他的行为。

倒地大哭的情况是可以提前预防的，想想看孩子在什么情况下会倒地大哭呢？

首先，孩子的能力还不成熟。倒地大哭的情况一般发生在2

岁半以前的孩子身上。当他们无法表达清楚又无力调整自我情绪的时候，就可能会倒在地上大哭起来。

其次，孩子在倒地大哭之前，成人往往是先说教、讲道理或者责备孩子，这更容易让孩子的情绪升级。你可以试着换一种方式，当孩子一定要做一件事情时，可以用一些轻松、正向的方式来代替说教。

比如孩子喜欢拿着筷子玩，一味地阻止会换来他的倒地大哭。如果你担心他拿着筷子走路危险，又不想影响他探索的欲望，那么你可以把他引导到安全的范围内。比如在他拿着筷子走时，你可以坐下来用筷子在盆上或者桌子上敲出节奏，孩子会被这种声音吸引，那么你也就通过有趣的方式引导他坐下来玩筷子了。或者，你可以拿一个小筐递给孩子，让孩子把筷子放进小筐里，把筷子从一个地方运到另一个地方。当然你也可以视情况转移孩子的注意力，趁机把筷子从孩子手里拿走。

避免说教、讲道理和责备，换种方式满足孩子的愿望，你将有机会避免孩子情绪升级、倒地大哭的情况。但即使是这样，孩子仍然可能会倒地大哭，那就允许他哭吧。你可以淡定地蹲在孩子身边，用手触摸着他的身体，告诉他，等他准备好了你就抱抱他，或者平和地告诉他："你可以站起来好好说。"他如果就要躺在地上哭，就让他哭一会儿。如果是在公众场所，就抱起孩子，告诉他，你们需要换一个不打扰别人的地方。

反之，如果一遇到孩子倒地大哭，你就气得不行，想尽办法让他赶紧起来，这会让孩子觉得这种方式是有力量的，因为他能影响到你，他也就更乐于采用这种方式来表达情绪了。

第二种情况，孩子打人或者摔东西。

很多父母反馈，孩子一发脾气就打人或者摔东西。

这种情况同样要把孩子的感受和行为分开，避免指责、说教，用一些轻松的方式引导，避免让简单的情绪升级。

此外，当孩子打你的时候，要阻止他打到你，你可以轻轻地抓住他的手，告诉他："看起来你好生气，你可以说出来，但不能打爸爸妈妈。"不断地重复这样的话。对于摔东西的孩子也一样，不需要一定让孩子马上把东西捡起来，他正处于应激状态，没办法做出好的行为。你可以把东西捡起来，然后告诉孩子："东西不是用来摔的，你可以用嘴说出来你有多生气。"你也可以不去管摔在地上的东西，先阻止他继续摔东西的行为，等到事后孩子平静下来，再让他把摔到地上的东西捡起来。

在你阻止孩子这些行为的时候，孩子很有可能会哭，就如前面提到的，你需要继续让他哭。很多时候，父母总是拿孩子是否哭来衡量自己做的一切是否有效，换位思考一下，一个经受了一次又一次被阻止、正承受挫败感和痛苦的人，为什么不能哭呢？特别是当他是一个弱小的孩子时，你不可能要求孩子必须笑着来接受挫败。

第三种情况，如何面对孩子伤害自己的行为。

如果一个孩子可以自由地向外表达感受，他是不会做出伤害自己的行为的。

一位妈妈曾向我咨询，自己3岁大的孩子遇到不开心的事时总是打自己的头。

我问这位妈妈，当孩子发脾气时她会怎样做，她说她是不允许孩子乱发脾气的，有好几次自己因为孩子发脾气还打了他。这位妈妈其实已经说出了答案，如果一个孩子愤怒的时候不能向外表达，把情绪都积压在身体里又让他非常难受，那么他还能做什么呢？当然是把愤怒指向自己。所以，他试图用打自己来释放那些承载不了的情绪。我告诉她，孩子未来的人格发展和情绪健康更重要，所以，需要允许孩子发脾气，允许他哭出来，让孩子的情绪得到释放。

合理的要求尽量满足，不能满足的要让孩子学着接受

有很多家长问我，"孩子一不顺心就发脾气，是该顺着还是要教育他？"

这个没有一定之规，要看具体情况。如果孩子的要求是合理的，或者是不伤害自己、不伤害他人也不破坏环境的，那么就尽量满足，比如他要求重新走一遍刚刚的路，或者要求你重新递给他刚刚要的东西。

如果是不合理或者你满足不了的要求，那么，就要让孩子学会接受。

我们拿穿衣服来举例。假设你帮孩子穿了衣服，但是他想自己穿，于是大哭大闹起来。如果时间来得及，你就要允许孩子自己穿，因为孩子并不是在和你较劲，他很有可能正处于秩序的敏感期。

如果时间很紧张，你也可以不让他重新穿，但是要理解他的感受，告诉他："是啊，你希望自己穿，这样好吗，我们现在时间来不及了，你一会儿坐到妈妈车上时，再脱下来自己穿，可以吗？"或者大不了就让孩子哭一下，面对现实的情况，你无法满足孩子时，就只能让他学着接受。有时候，只要你让孩子感受到被理解，又允许他通过哭释放情绪，那么他就会接受现实。

一位妈妈曾向我咨询，孩子总是说话不算话，坐摇摇车，说好只坐两次，两次过后又希望坐更多次，不允许就哭闹起来。

在这个例子里，我们需要注意的是，不要和这么小的孩子说"几次"，他还没有"数"和"量"的概念。你可以拿着硬币给他看，告诉他："玩完这几个硬币，我们就不玩了，就去荡秋千好不好？"接下来，每玩一次，都让孩子看看你手里的硬币。当还有最后一个硬币时，告诉孩子："还剩最后一个啦，你把它投进去好不好？玩完这一次，我们就去荡秋千了。"一般情况下，孩子都会乐意接受。如果他接下来仍旧哭闹，那么不排除他可能平时积累了情绪，想趁着这个机会发泄给你。这时，你可以抱着他到旁边哭一会儿，不一定满足孩子。在有人接纳和理解的情况下，孩子会拥有接受现实的勇气。

帮助孩子进一步面对挫败

除了接纳孩子哭闹和发脾气时沮丧的情绪、理解他们的挫败感，你还需要帮助他面对挫败感，否则孩子无法通过这些挫败获得成长。

如果孩子脾气很急，想要的东西要马上得到，等不及就会发脾气，那么一方面，你要调整好自己，因为你的情绪也会影响到孩子；另一方面，你可以先用语言和肢体动作安抚他，比如拍拍他的身体，对他说："好的，我现在就帮你拿过来。"你的态度会让他感觉更安心。如果等待时间比较久，你也可以拿一个玩具递给他，或者允许他做一会儿他喜欢的事情，这是在教他延迟满足的技巧，教给他如何让自己减轻等待的痛苦，慢慢地，他就可以学会等待。

对于父母觉得已经陷入"恶性循环"、不停哭闹发脾气的孩子，父母需要更多地关注孩子，找到孩子情绪化的根源，尽可能地做出相应的调整，比如调整父母自身的情绪，或者夫妻关系，又或者是对孩子的限制。当问题因素得到调整之后，孩子积累的情绪就会少很多。

如果孩子希望获得更多的控制感，那不如用游戏来满足他的愿望。爸爸妈妈可以和孩子玩"指哪儿走哪儿"的游戏，孩子指着哪儿，父母就走向哪儿，还可以假装撞到墙上。这些欢乐的场面会降低孩子的情绪压力，也会让他获得一种控制的感觉。通过游戏让孩子的挫败感得到转化，孩子在现实生活中也就不会那么不依不饶了。

总之，哭闹和发脾气是孩子独有的反应机制，这并不是坏事。随着他们年龄的增长，当他们开始试着理解和接纳自己的情绪，并学会一定的情绪调节技能时，这种情况就会减少。

接纳孩子的哭闹和发脾气不仅仅是我们在育儿时所经历的挑战，也是我们自己要面对的人生课题。保持淡定，面对自己的焦虑不安，并非易事，但这一切都值得，你因此赋予了孩子体验和面对挫败的勇气与信心，无论孩子未来面临何种困境，他都可以用这份勇气和信心来应对。

恐惧是一种基本情绪

恐惧是人类的基本情绪，婴儿在 7 个月左右，恐惧的情绪就开始增多。当他们可以到处爬的时候，他们就有了更广的探索范围。当遇到陌生的情境和事物时，他们会通过恐惧的情绪来吸引养育者的注意，以寻求养育者的安抚和帮助。可见，恐惧在人类进化的过程中具有适应性的意义。

孩子比成人更容易恐惧，并且越小的孩子越需要成人的支持和陪伴来帮助他们克服恐惧，重拾探索世界的信心和勇气。

在帮助孩子之前，我们需要先来了解一下影响孩子恐惧情绪的因素，以及恐惧时孩子的相应表现都有哪些。

孩子的认知水平有限——现实与虚幻，傻傻分不清

3~6 岁期间，儿童的大脑快速发育，每天都在接收和处理大量的外界信息，这也使他们的想象力迅速发展。然而，由于认知水平有限，这时的他们还无法完全分清现实和虚幻，经常会把真实和虚幻的情况相混淆。比如：他们经常会怕黑，想象床底下、窗帘后面有怪物，特别是在夜晚，因为夜晚视觉受限更容易激发他们的各种想象。这就是为什么孩子一般不愿独自入睡，看到恐怖的画面或听

到恐怖的故事会感到害怕。

"第一次"的双刃剑——带来恐惧，也带来成长

对于0~6岁的孩子来说，很多事情都是他们第一次体验，他们没有足够的经验来应对，所以容易产生恐惧。

一位妈妈提到，她买了一盆泥鳅，孩子特别兴奋地去抓，妈妈也用手去抓。泥鳅很滑，从妈妈的手里滑落到盆里，孩子当时就吓哭了。这就是由于孩子的经验有限，对事情的发生没有足够的理解和预测能力。

我们会看到，越小的孩子到了游泳池里就越淡定，因为他们不知道害怕。只有呛了水，他们才会产生对水的恐惧。很多孩子对于洗头、洗澡感到害怕也是这个原因，绝大多数情况下是孩子有过与水相关的不适的体验，比如水溅到眼睛里或鼻子里，让自己有快要窒息的感觉。这种情况对于成人是正常和容易理解的，因为他们有足够的经验去应对。

但对于孩子来说，只有随着年龄的增长及经验的累积，这类恐惧才会慢慢降低，并且在克服这些恐惧的过程中，孩子也会获得历练和成长。

另外，对于新尝试是否会引发"恐惧"，还受到孩子天生气质类型的影响：有的孩子完全不会感到害怕，反而很乐于接受新鲜事物，正所谓"初生牛犊不怕虎"；有的孩子天生比较敏感，容易受到各种新异刺激的影响，也容易产生恐惧的情绪。

你不需要拿自己的孩子与别的孩子对比。换个角度来看，那些比较谨慎、敏感的孩子通常特别善于观察和思考，不容易做冒险的事情，更加专注、更有毅力。当然，那些乐于接受新鲜事物的孩子会更善于把握机会、乐于探索、积极向上，但他们也有需要解决的问题，那就是做事情容易3分钟热度，而且由于性格不敏感，容易做出危险的事，也容易忽略别人的感受和反应。

任何一种气质类型都不是完美的，都具有两面性。优势的另一面就是劣势，我们要做的就是平衡，保持和放大孩子性格中的积极因素，缩小和调整消极因素，让我们的养育环境尽可能与孩子的气质类型相匹配，从容地面对挑战和恐惧。

恐惧的投射：父母是孩子的一面镜子

有时候，成年人也会恐惧。恐惧本身没有问题，但过度地表现出恐惧就会被孩子感知和模仿。成人的这类影响一般包括以下几个方面。

·社交参照

孩子从8个月开始就会出现社交参照。当婴儿接触到新的环境、事物，或在有陌生人的环境里，以及某种不太明确的社交情境中时，他们会通过观察父母的表情，去感知父母的情绪，从父母的神情和反应中寻找一些线索，然后决定他们要怎样做。这种现象在心理学上被称为"社交参照"，也就是说，父母对某种情境的恐惧反应会直接影响到孩子对于该情境的感知。

有的父母恐惧虫子，见到虫子就疯狂地大喊大叫，见到蚊子就异常警惕，你会发现这个孩子也会和父母一样，即使他不怕老虎，也会害怕虫子。

有时候，当孩子被小朋友打了而产生恐惧时，父母不但没有安慰，反而对孩子说"以后离那个小朋友远一点儿啊，他总是打人！"，或者说"别和那个孩子玩，小心他欺负你！"，这种语言上的暗示就会让孩子感觉到有小朋友的地方是不可控的，可能会挨打，要远离他们。

还有一类情况，就是父母在孩子面前和其他人发生冲突。比如明明是两个孩子在争抢东西，结果为了孩子，双方父母争吵起来，从小朋友间的正常冲突演变为成人间的激烈冲突，从而把恐惧带给了孩子。这种社交参照带给孩子的感觉是："与小朋友玩耍＝冲突＝恐惧。"

其实不仅仅是恐惧，所有的情绪都会如此。所以，我们要特别注意在孩子面前的处事方式，因为父母这面镜子孩子每天都能照得到。

·成人的教养方式

强迫和溺爱的养育方式会造成孩子的恐惧与退缩。如果孩子害怕一件事情，成人采取溺爱的方式过度保护孩子，那么孩子内心的恐惧感也不会消失，孩子会感觉自己是弱小的，丝毫没有应对这种恐惧的能力，唯有逃避；另一方面，如果父母不去接纳孩子害怕的感受，反而强迫孩子独自面对，则会加重孩子的恐惧，而强烈的不安全感会导致孩子退缩。

我们特别需要警惕的是强迫型的养育方式，例如惩罚。通常我们惩罚孩子的目的是让他感受痛苦，以此来让他获得教训。然而，对于0~6岁的孩子来说，很多惩罚方式都会带给他们过度的恐惧，并有可能破坏他们的安全感。

一位妈妈曾咨询我，他的孩子很怕黑，不敢独自一人在房间里待着。后来，我了解到孩子爸爸曾经拿黑暗和孩子开过玩笑，告诉孩子小黑屋里有怪物，要是不听话就把他关到小黑屋里。当然，有的父母也的确会把孩子关进去，这种"隔离"会带给孩子极大的恐惧感，特别是孩子3岁以前，他们自身的安全感尚未完全建立，无法与妈妈分离，再加上这种恐惧的经历，就会严重破坏孩子的安全感。我们在后面的部分会具体谈关于"惩罚"以及"隔离和反省"带给孩子的影响。

一些心理学家把孩子的某些突如其来的或者强烈的恐惧称为"更深层次的焦虑转移"，比如害怕失去父母的爱。所以，请减少对孩子的体罚，不关孩子禁闭，不在公共场合对着孩子大吼大叫——避免这些让孩子感到被抛弃的做法也可以避免孩子的过度恐惧。

成长与衰退往往是并行的

发展心理学中有一句经典的话："成长与衰退往往是并行的。"

很多时候，我们看到的是孩子退步的表现，事实上有可能是孩子成长了，我们却因为对孩子成长发展过程的不了解而对孩子产生很多误解。

比如，孩子在6个月左右出现的陌生人恐惧。在此之前，孩子对陌生人是没有概念的，随着生命的头几个月中与养育者形成的亲密依恋，以及面孔识别能力的增强，他们对亲近的人的面孔更加熟悉了，当遇到陌生人时就会产生恐惧。这种恐惧也有适应性的意义——人类在弱小时会刻意避开自己不熟悉的人和环境，以保证自己的安全。所以，看似孩子突然胆小了，见到陌生人就哭，事实上是因为孩子成长了。

又比如之前谈到的怕黑。三四岁的孩子怕黑的情况尤其明显，这并不是因为他们胆小，而是因为他们的想象力在快速发展，他们对未知的事物充满想象。这同样是孩子正在成长的表现。

成长与衰退是并行的，所以我们需要用发展的眼光来看待孩子以及他们的行为。

除了以上的因素，引发恐惧的原因还有很多，比如父母情绪的失控、与父母的分离、家庭中的冲突与不和谐、父母的严厉惩罚与批评、父母过多的恐吓（像用大针头吓唬孩子）以及一些让孩子感到不确定性的突发情况，等等。如果你人为制造过多的恐惧感给孩子，那么孩子就会变得更容易恐惧。

孩子的认知和经验有限，他们还不具备独自解决问题的能力，所以，当面对恐惧的情绪时，他们会表现出退缩，甚至用一些问题行为来表达自己的感受。比如，孩子在幼儿园被小朋友打了，他会把这份恐惧带到家里，并且以同样的方式释放给自己的弟弟或妹妹。同样，如果孩子在家里时常感到恐惧，包括父母的严厉惩罚、父母之间的冲突等，那么他在幼儿园里也很可能会出现打人、咬人的行为。这些情况都与他们的能力有限，无法正确理解和释放恐惧情绪有关。

恐惧对于孩子来讲是一种较为常见的情绪，如果我们不强迫他们体验这种情绪、不增加他们的恐惧，他们很快就会度过这个阶段。

很多父母在面对孩子恐惧的情绪时会说"没关系，别害怕"，然后用强迫或控制性的方式让孩子经历他们害怕的事情，这样只会加重他们的恐惧，并让他们觉得父母不在乎自己所面临的痛苦。所以，我们既要接纳孩子的恐惧，同时还要用合适的方式帮助他们克服恐惧，让他们体验到自己面对恐惧时的力量。

那么，该怎样帮孩子克服恐惧呢？

克服恐惧的六种方法

·陪伴与观察

陪伴是帮助孩子面对恐惧时首先要做的事情。正所谓"有恃无恐"，"恃"指的是有所依靠，当人有所依靠时就不会感到害怕。所以，当孩子感到害怕时，父母要让他感觉到你会陪伴着他度过，这个陪伴并不是指你一直跟在他身边时时刻刻保护他，而是指当他需要你的时候，你会与他"在一起"，给予他支持。

如果孩子被其他孩子抢了玩具或者打了，他因为害怕而哭，那么你安抚他就好了。孩子在你这里感到有所依靠，重获安全感后就会继续去探索。

如果孩子因为陌生人的出现而感到恐惧，那么你可以陪伴着他，帮助他慢慢适应就好。你与陌生人的友好交谈可以作为孩子的社交参照，让他觉得这个人是安全、可信任的。你也可以递给陌生人孩子平时玩的玩具，让他用孩子熟悉的玩具来与孩子互动。这些方法都会帮助孩子慢慢适应。

我曾经遇到过这样一个案例。一个4岁的孩子不敢一个人在房间里睡觉，我告诉他妈妈不要让孩子独自一个人适应黑暗，妈妈应先陪着他入睡，等他睡着以后再离开。这样一段时间后，孩子就可以一个人入睡了。

除了陪伴，你还需要观察。正因为有对孩子的陪伴，你才有机会观察孩子。观察的目的是让你不要过度夸大或轻视孩子的恐惧，慢下来，帮助孩子克服恐惧。

你可以细心观察，对于一件事情孩子是经常害怕，还是偶尔害怕。如果只是偶尔，那么你不需要有任何干预。如果是经常害怕，你可以继续观察一下，也许孩子在试着慢慢克服，只是他还需要时间。如果连续很长一段时间，孩子都对这件事充满恐惧，那么你需要采取一些措施来帮助他。

·帮助孩子表达感受

在有关孩子情绪的部分，我们谈到过这个方法，在帮助孩子面对恐惧情绪时同样可以用到。

举个例子，如果孩子在洗头时感到害怕，你要先表示理解："你不喜欢洗头，这让你感到害怕。"或者"你不喜欢洗头，好像洗头让你很不舒服，对吗？"等他平静下来，你还可以问他："你觉得哪里不舒服呢？是眼睛还是鼻子？"3岁以上的孩子可能会告诉你，水跑到他眼睛里，他不喜欢。3岁以内的孩子有的不会表达，但你可以根据一些情况进行判断，到底是因为水的缘故，还是你强迫他的态度所致。

同时你也要清楚，仅仅表示接纳并不会让孩子避免恐惧，但是，你的理解和支持能帮助他正视和面对恐惧。

接纳感受也包括接纳孩子的哭。孩子释放恐惧情绪的方式很单纯，就是哭了。

当你提出要洗头的时候，他很可能会哭闹，你一定不要在这个时候责备或者吼叫，这会加深他的恐惧。你要知道，孩子的哭闹恰恰是他释放恐惧情绪最好的方式。你可以抱着他，让他感到安全，这样他很快就不会再哭，否则他会哭上很长时间。

·描述事情的经过

孩子的经验有限，他们的认知水平和理解能力也有限。很多事情他们并不知道为何会发生，或者他们并不能理解，这会吓到他们。在这种情况下，在鼓励孩子克服恐惧情绪之前，我们需要先帮助他们理解发生了什么，不带评价地描述事情的经过有利于孩子接下来克服恐惧。

举个例子，当孩子洗头时因眼睛进水而恐惧，你可以告诉他："刚刚在洗头的时候，水流到了你的眼睛里，虽然你不会有任何危险，但是这种感觉很不好受，让你感到害怕，所以你哭了起来。后来，妈妈拿毛巾把眼睛上的水擦干了，你觉得好受了一些。看，你现在好好的。来，让我闻闻你的头发，哇，好香！"这种描述会让孩子感觉安心。

如果你发现孩子现在特别害怕洗头，而你想起以前孩子抗拒洗头时你曾经强迫过他，那么你可以告诉他："你不喜欢洗头，这让你感到害怕。妈妈以前给你洗头的时候，你非常难受、非常害怕。你觉得妈妈没有听你说的话，只是不停地洗，让你更害怕。现在我不会再强迫你，我们一起想想办法，看看怎样能让你感觉好受一点儿。"

妈妈的描述不需带任何评价，客观地讲述事情的经过就可以，这会帮助孩子更好地理解发生的事情。而且，积极、正向的结尾会让孩子感到安心。

当然，事情发生后，你需要先接纳孩子的情绪，让孩子平静下来，在他的"理性大脑"恢复工作后，他才能听进去你的描述。所以，最好的时机是在孩子的情绪平静下来以后，并且越及时越好。当然，如果时隔很久，而你又感觉到孩子一直受到那次事件的影响，你也可以给他讲述事件的经过，不管孩子能否记得、记得多少。这种把他的记忆调取出来的方式可以帮助他更加积极地看待自身的恐惧情绪。即使是2岁的孩子也一样，你在讲述的时候，他们会感受到那件曾经让他们恐惧的事件在你的描述中是令人感到安全的，并不像记忆中的那么糟糕。

· 善用与恐惧相关的游戏

利用与恐惧相关的游戏，特别是能激发孩子笑声的游戏，可以帮助孩子大大减少恐惧情绪。

对于害怕洗头的孩子，你可以和他玩"小娃娃洗头"的游戏，告诉他小娃娃很害怕，让孩子想办法安慰它，最后给小娃娃洗头。这种方法被很多父母证明非常有效，可以轻松化解孩子的恐惧。当然，你也可以让孩子帮你洗头，这也会带给他们力量和控制感。另外，你还可以在合适的天气和孩子玩打水仗或是水枪的游戏，让孩子习惯水溅到脸上的感觉。

对于害怕怪兽的孩子，你可以制作一些搞笑的怪物面具，和孩子玩抓怪物的游戏，请他们扮演骑士去抓怪物，你戴着怪物的面具跑来跑去，最后被他们抓到。一位爸爸就是这样假扮成怪物，研发出一个"打爸爸"的游戏，帮助孩子增强力量感，轻松化解了孩子对怪物的恐惧。

再举个例子：

> 一位妈妈曾向我咨询："我的孩子对毛茸茸的东西特别害怕，不敢靠近、不敢抚摸。"

有时候，你不见得能找到孩子惧怕某项事物的原因，但可以帮助孩子一点点轻松地克服恐惧。比如，先让孩子在房间里看到毛绒玩具，不急于让孩子靠近和触摸，你甚至可以制造轻松有趣的氛围，比如在玩具旁边立一块牌子，上面写着："不要摸我，我怕脏！"当每天都喜欢说"不"的孩子看到"不要"这两个字时，也许就会特别想去摸它一下。下一步，你再鼓励他一点点靠近，比如对着玩具吹气，或者摸摸它的头。慢慢地，孩子面对毛绒玩具时就会越来越放松。

·让孩子小步前进

不要强迫孩子直接面对恐惧，这会适得其反。你可以帮助他们把克服恐惧的任务划分成一个一个的小目标，让孩子小步前进。以洗头为例，如果孩子因为眼睛或鼻子进水而惧怕洗头，你可以帮助他把洗头的任务划分为若干个小目标，然后逐步达成，比如：

第一步，先让孩子不讨厌水。你可以和孩子玩打水仗的游戏，让孩子为你和玩具小熊洗头或者带着孩子游泳等。

第二步，态度淡定，顺其自然。你若问孩子愿不愿意洗头，孩子十有八九会说不愿意，然后你告诉他没关系，等他准备好了再洗。

第三步，给孩子选择，赋予他一定的决定权。这种掌控的感觉会让他重获力量感，比如你可以问他："你想在白天洗头，还是晚上洗？"或者问他："你想淋浴，还是用盆来洗头？"一般情况下，孩子都会喜欢淋浴的方式，因为这很有趣。

这时,也许你的孩子就会答应你给他洗头。

当然,还有另一种可能,就是孩子仍然不想洗,而且当你尝试着给他洗时,他哭了起来。哭可能是一个好的转机,意味着孩子正利用这个机会清空他的恐惧情绪。等孩子哭完以后,你可以告诉他:"头发是一定要洗的,不过今天我们先不洗,等你准备好再洗。"你可以重复这样做一段时间。慢慢地,你会发现,当你和孩子说要给他洗头时,孩子的哭在弱化,最后可能只是用嘴说"不想洗"。

第四步,和孩子商量,由他来决定是全洗还是只洗某个部分,并且由他来决定洗哪个部分,比如只洗发梢,不碰头皮。这时候你要做好防护措施,不要让孩子的眼睛或鼻子溅进水,而且你要说到做到,只洗说好的那一部分,因为这样做的目的不是洗头,而是让孩子不再讨厌洗头。"洗头"之后,记得表扬孩子的勇气。

第五步,鼓励孩子,继续尝试把其余的部分也洗干净。如果是头皮的部分,可以让孩子坐起来,对着镜子给他干洗,最后再用水冲干净。经过上一次的努力,孩子会更有信心继续尝试。

这些逐步升级的小目标并不是在一天之内就能完成的,也没有固定的划分标准,你可以根据情况灵活设定,原则是让孩子循序渐进地练习接受一件令他恐惧的事情。

虽然这种方式貌似费时费力，但这是教孩子克服恐惧情绪的一个绝好方法，而且在这个过程中，孩子的安全感以及对你的信任都会有增无减。

当然，这种方式并不局限于处理上面所说的孩子对洗头的恐惧，也可以应用于孩子面临的各种恐惧情绪。有时候，你仅仅换个角度看待问题，就可以帮孩子克服恐惧。比如允许害怕洗澡的孩子用毛巾擦身子，让他站在满是泡泡的浴盆里而不是强迫他坐下；对于怕黑的孩子，陪他睡着，点一盏他喜欢的小夜灯。

· 重构孩子的认知

孩子的很多恐惧来源于他们对未知事物的不确定，或者以往恐惧的经历。他们会认为床下有怪物，会因为被小狗咬过而害怕小动物——这些不确定性和经验会使他们对一些事物的认知有偏差，因此重构认知也是帮助他们克服恐惧的一种方式。

很多与恐惧相关的绘本就是利用了对认知的重构帮助孩子降低恐惧的。比如一些书中会提到床底下真的有一个小怪物，但是这个小怪物和孩子想象的不太一样，它非常胆小，甚至最怕小孩子。在读故事的时候，孩子会慢慢建立新的认知，他会发现其实怪物并没有自己想象的那么可怕。

孩子很容易因为对某些事物的不了解而产生恐惧，相应地，你可以激发孩子的另一种想法来改变他的认知。如果孩子很害怕小狗，见到狗就大声喊叫，你可以一面安慰他，一面对他说："嘘，小点声，小狗还很小，别吓到它了。"

嘘,小声点,小狗还很小,
　　　别吓到它了。

一位妈妈告诉我,她的孩子特别害怕毛毛虫。一次她带着孩子去南非徒步,他们没走多远,孩子就看到一条毛毛虫,吓得大声叫了起来,妈妈说:"嘘,别吓到它,它应该是要去找妈妈吧。"徒步的过程中,他们还在一处低矮的灌木丛中看到好多只小毛毛虫,身体来回摆动,像在织网一样,而且摆动的频率和动作神奇地一致,孩子被这个景象惊呆了,赶紧让妈妈把这一段录下来。回国后,妈妈鼓励孩子把这段有趣的录像分享给身边的人看。后来,孩子告诉妈妈,经过这一次,他已经不再怕单独的一条毛毛虫了,但很多条毛毛虫在一起时,他还是有一些害怕。这次体验帮助孩子刷新了对毛毛虫的认知,也刷新了他的勇气。

恐惧是人类的基本情绪,我们不需要刻意避免恐惧事件的发生,因为你永远避免不了,而且对于人类的发展来说,恐惧是帮助人类生存繁衍和获得力量的。作为父母,我们不能剥夺孩子体验恐惧的机会。你需要做的是在事件发生后，帮助他在一定程度上避免恐惧造成的过度影响。如果有需要，你还可以教给他面对恐惧的技巧和方法，这样，他便可以穿越恐惧，重拾勇气和信心。

帮助孩子搞定"未知"焦虑

焦虑的情绪与恐惧和悲伤不同，它不属于直接表露出来的情绪。有时，我们甚至察觉不到孩子的情况是源自焦虑和压力。

关于孩子的焦虑，你需要了解什么呢？

太多的不确定性会导致孩子焦虑

焦虑源于未知，是对一些尚不确定的事情的固化或放大。说白了，你对一件事情知道和经历得越少，就越焦虑。比如，当你第一次面对几百人演讲时，你很可能会焦虑。当这种演讲的机会经常发生，你也就变得从容多了，因为这对你来说不再是不确定的事情，即使你仍旧有一些焦虑，也可以应付得了。

事实上，适当的焦虑会让你更加重视要做的事情。我们没办法杜绝焦虑，只需要避免放大焦虑，把它平衡在我们可以接受的范围内。

和大人一样，小孩子也会焦虑，而且，他们的焦虑只比成人有增无减。因为，越小的孩子对不确定的事情敏感度越高。由于认知能力和经验有限，很多事情对孩子而言都是未知和不确定的，特别是婴儿。

　　焦虑和压力可能来源于多种因素，比如在和妈妈分离的时候，孩子会哭着黏妈妈，分离对于孩子来说是未知的、不确定的。3岁以前的孩子依赖于感官体验，任何摸得着、看得见的东西对他们来说才是存在的，对于妈妈也是一样，妈妈离开就代表妈妈不见了。他还不能形成稳定的认知，不会认为妈妈走了一定会回来。所以，孩子会因为那份不确定性而焦虑，这种焦虑是正常且在成长过程中必经的情绪。

　　入园也同样会引起焦虑。一些孩子入园大半年了，依然会因为和妈妈分开而哭闹，在幼儿园门口抱着妈妈的脖子不松手，放学回来后情绪也不好，而且经常生病。这可能意味着妈妈在面对孩子的焦虑情绪时处理得不得当，导致孩子产生了过度焦虑。

　　一位妈妈为了让孩子入园不哭，到了幼儿园门口就把孩子交给老师，然后转身跑开。其实，这种做法并不得当。因为哭是疗愈情绪的一种方式，孩子如果没有机会哭，很多情绪就会积压在他的身体里得不到释放，这样就很难从情绪中恢复过来，而且让孩子这样被迫分离，只能加重他的不安全感，导致之后的分离焦虑更加严重。

　　一般情况下，这类孩子的焦虑不仅仅因为与妈妈的分离，还因为入园后的很多事情都存在不确定性。比如，孩子在入园前很少有机会与陌生的小朋友接触，不具备自理能力和人际交往的能力，突然进入一个陌生的环境里，孩子一下子无法适应。这些不确定性会使孩子的焦虑情绪迟迟得不到释放。

除了一些不得已的情况外，有些父母会刻意给孩子制造焦虑。

我认识一位妈妈，她的儿子平时很大胆，到陌生环境乱跑、爱跟陌生人说话，这让她非常担心儿子哪天会跑丢了。一次在游乐场，孩子突然不见了。她紧张得四处寻找，结果发现孩子在好好地玩滑梯。她虽然松了口气，却特别生气，想着趁机会好好教训孩子。于是，她躲起来，等到孩子哭着喊"妈妈"时，才出现在孩子面前对他说："以后不可以乱跑了啊，再乱跑就再也见不到妈妈了。"自此之后，为了让孩子长记性，这位妈妈又刻意导演了一次类似的场景。这一次，孩子一边哭一边找到收银台的阿姨，妈妈看到孩子有应急处理能力感到很欣慰。可自从那次以后，孩子走到哪里都拉着妈妈的手，让妈妈陪着，因为他很担心自己又会把妈妈给弄丢了。

教育孩子在陌生场所学会保护自己没有错，但要适度。一个安全感良好的孩子，是乐于到处探索的。如果孩子过于活跃，就需要父母多费心思，紧紧跟着孩子，而不是让他想走到哪里、去探索什么都和父母打招呼。对于0~6岁的孩子，没有什么比找不到妈妈更让他们焦虑的了。这种事情开不得玩笑，也不适合作为教育孩子的工具。若要教会孩子安全知识，可以通过绘本、角色演练等让孩子体验和学习。那种让孩子体验过度焦虑的方式并不可取。

除此之外，弟弟妹妹的出生、成人的大声训斥或惩罚、妈妈的焦虑情绪、父母之间的争吵、变换主要抚养人等，这些让人不确定的情况都可能使孩子产生焦虑和压力。

这些信号，代表孩子可能焦虑了

当孩子积累了焦虑的情绪，又不知道怎样面对和解决时，他很可能会有一些特殊表现。作为父母，你需要留意并学会识别这些信号。

哭闹和发脾气。对于成人，当你感觉到身体里有焦虑和压力需要释放时，可以通过倾诉、运动、旅游、看电影等许多方式来释放，然而小孩子还不具备如此成熟和多样的方式，他们只能通过哭闹和发脾气让自己释放。

退行性行为。退行性行为是指一个人因冲突或其他原因感到挫败，而又无法自行解决时，就会退回到比现在更小年龄阶段的行为模式中，比如退行到婴儿期的行为。

有些妈妈对孩子突然出现的退行性行为感到困惑，比如：已经不尿床的孩子突然开始尿床；大孩子突然表现得像个小婴儿一样，不停地黏着妈妈，表现得更爱哭闹等。究其原因，这些退行性行为往往源于孩子的焦虑，而焦虑可能源于妈妈的情绪问题、弟弟妹妹的降生、抚养人或环境的改变等。

一位妈妈曾向我咨询，6岁的大宝突然开始尿床。大约在半年前，家里的二宝出生了，大宝几乎在同时步入小学一年级。突如其来的两个变化让他无法应对，焦虑便产生了。正常情况下，孩子的适应能力是很强的，但每个孩子的性格不同，家庭的教养方式也不同，每个孩子面对焦虑的情境时表现也会不同。

另一位妈妈曾向我咨询："孩子出现了一些退行性行为，他原来都是自己独立吃饭的，现在突然要我喂，而且必须是我来喂，怎么沟通都没有用。"

事实上，这不一定是退行性行为，也许只是孩子在向妈妈撒娇、求得妈妈关注的正常表现。也许孩子和妈妈分开一天了，白天又有太多行为受到阻止，他想在妈妈身上找回一些可控感。其实，妈妈不需要和孩子较劲，喂他就好，孩子不会因此就变得过于依赖，他只是把"求喂"当作和妈妈之间亲近的机会而已。

躯体化反应。躯体化反应是指我们心理层面面临的问题通过身体外化出来。如果一个人焦虑的情绪积累过多，一直处于应激的状态，那么他的身体就会发生一些反应，这些反应一般发生在胃肠道系统和免疫系统。

当孩子经常不明原因地生病时，焦虑情绪可能是病因之一。比如，如果孩子在上幼儿园的前半年或是上小学前3个月期间，经常不是得了胃肠道疾病，就是发烧、扁桃体发炎，这可能意味着孩子在入园或入学期间存在焦虑情绪。那么，接下来的关注点就不应该仅仅放在治病上，还应该包括怎样帮他化解这份焦虑。另外，考试前发烧、身体经常性地起皮疹等，都可能是孩子身处焦虑和压力时的躯体化反应。

一般情况下，躯体化反应是好事，它说明身体在向我们发出信号，告诉我们要关注自己；同时，身体也在帮助我们把积累的情绪释放出来，实现平衡。另外，我们还需要找到情绪的根源并调整它，让自己不要在应激的状态中持续太久，以免对身心造成更严重的伤害。

入睡困难。如果孩子在白天没有机会消除某些情绪，这些情绪就会堆积起来，在他们晚上入睡时迸发出来。

有父母说，陪孩子睡觉是一件特别折磨人的事，孩子翻来覆去都睡不着，这的确特别考验一个人的耐心。有位妈妈没有把控好自己的情绪，把上床快两个小时睡不着的孩子揪起来，赶到门外，告诉他"睡不着就不要睡了，出去玩吧"，孩子吓得哇哇大哭。如果孩子真的是因为情绪压力导致的入睡困难，这位妈妈的做法只会给孩子施加更多的压力，加重入睡困难的情况。

某些"癖好"。有些孩子会经常吮吸手指，或者咬手指、指甲或嘴唇。有些妈妈越阻止孩子咬，孩子越变本加厉。有的父母还在孩子爱吸、爱咬的部位涂上液体，酸的、辣的都试了，还是没有用。特别是小一些的孩子，当他们无法处理面临的焦虑又得不到父母的安抚时，他们就会安抚自己——咬手指等行为实际上就是孩子自我安抚的一种方式。只要手没有被咬坏，父母就不需要干涉。有的孩子会把手咬出血，这种情况就需要父母进行一些干预。这里所讲的"干预"并不是一味地阻止孩子，而是要从根源出发，帮孩子减轻过度的焦虑，解决面临的问题。

抚摸或摩擦性器官。当孩子出现这些行为，你首先应该意识到，孩子可能焦虑过度了。孩子通过摩擦和抚摸自己的性器官，在这个过程中体验到了放松和快感，并把这种方式作为一种自我安抚。如果一直得不到父母（特别是妈妈）的支持和安慰，孩子就有可能依赖这种方式来获得放松和满足，这种情况可能会不断加剧。

以上这些现象，不能一味地看作孩子存在焦虑的表现，只能说有这种可能。每个孩子的表现都不同，重要的是结合孩子的成长环境，分析可能存在的原因。

受限的能力，加深的焦虑

除了不确定的因素，无法解决当下的问题也是孩子焦虑过度的重要原因。

成年人可以通过运动、倾诉等方式缓解焦虑，并且会有意识地寻求解决问题的方案。但对于0~6岁的孩子来说，大多数情况下他们并不具备独立解决问题的能力，也不会有意识地释放自己焦虑的情绪，所以，他们很容易加重焦虑。

不少二胎妈妈和我说，自从二宝出生，大宝好像变了一个人：突然表现得像个小宝宝，不停地黏妈妈，或者突然开始尿床，变得情绪化，甚至偷偷踢打弟弟妹妹，等等。

面对大宝的退行性行为，有的妈妈会指责大宝："你怎么回事？你又不是小宝宝了，怎么这么不像话！""我不可能不管弟弟，他比你小！你都多大了，就不能懂点事吗？"这并不是最恰当的做法，一方面这会加重孩子的焦虑情绪，另一方面这也会激发孩子的嫉妒心理，丧失让两个孩子建立良好联结的机会。

新生儿到来的时期，正是大宝与弟弟妹妹建立联结、建立关系的好时机，也是帮助大宝适应多子女生活的关键期。对于一个小孩子来说，第二个孩子的诞生是他人生中最重大的危机，嫉妒和竞争不可避免。尽管一些孩子在二宝出生前表现得特别期待，但当二宝出生后的大半个月里，他会突然意识到事情不像自己想的那么简单，眼前这个更小的家伙不是过来陪自己玩的，而是来和自己抢爸爸妈妈的。

但他显然并没有应对这类突发事件的经验，也没有办法把自己的感受清晰地告诉父母。当看到妈妈每天围着小宝宝忙前忙后时，他不知道该怎样解决自己的复杂情绪。当解决问题的能力受限时，孩子的焦虑会加重，从而可能出现一些退行性行为。妈妈不要被孩子的这些表现吓一跳，把它当作孩子暂时的过渡性行为就好。

无论任何情况，当孩子的情绪得到接纳，遇到的问题得到父母的重视与帮助时，他的焦虑自然而然就会减轻很多。

互相"传染"的焦虑情绪

焦虑的情绪是会互相传染的，一个焦虑的孩子背后往往有一个（对）焦虑的父母。

0~6岁孩子的情绪很容易受到父母的传染。如果孩子的焦虑情绪一直无法得到缓解，那么很有可能是因为父母没能处理好自己的焦虑，导致孩子一直处于焦虑之中。

> 一位妈妈在面对孩子的分离焦虑时总是感到浑身不自在。看到孩子与自己分开而痛苦时，她比孩子还痛苦。因此

她辞了职,尽量每天在家里陪着孩子,使孩子不因分离而痛苦。然而孩子在3岁入园时,很长一段时间都无法适应幼儿园生活,动不动就生病请假。

在这个案例中,与孩子分离时,妈妈的焦虑压过了孩子的焦虑,使孩子更加焦虑,两人就像陷入了一个焦虑的"恶性循环"。

经过进一步了解,我发现这位妈妈小时候与自己的妈妈分离时也存在问题。她的父母感情不好,总是争吵,父母吵完架后,妈妈经常生气地跑回娘家,把她扔给爸爸。每次妈妈离开时,她都会哭得很难过,但是,爸爸不但没有安抚她,还会冲着她发脾气,大吼道:"再哭!再哭我也不要你了!"记忆中几次与妈妈的分离都让她非常痛苦。当她自己成为母亲后,面临与孩子的分离时,她熟悉的痛苦便浮现出来,加重了孩子与她分离时的痛苦。

父母过度的焦虑其实是对孩子的束缚,在孩子的某个问题上过度焦虑的父母往往会使孩子本不严重的问题变得越来越僵化。

很多问题背后都存在着父母的焦虑。比如,为孩子不打招呼、胆小、不懂礼貌而焦虑,孩子反而变得更加不爱打招呼;为孩子跟自己唱反调而焦虑,孩子反而变得越发与自己对着干。当父母把自己内心的这种焦虑性放大时,也自然而然地放大和固化了孩子的问题。

那么,面对孩子的焦虑,我们还可以做些什么呢?

舒缓焦虑的方法

·思考孩子焦虑的原因

如果孩子出现之前提到的"焦虑信号",他就有可能存在焦虑,你可以思考一下孩子焦虑的原因。既然焦虑源于未知,那么,最直接的方式就是思考哪些情况带给了孩子未知的、不确定的感觉。在这里,我列举几个大致的方向来帮助你思考:

妈妈最近是否存在焦虑?情绪是否稳定?
夫妻关系或家庭关系是否和谐?
最近孩子的成长环境中,有哪些人或事发生了变化?
哪些情境对于孩子是陌生的?不确定的?

从这些角度出发,就比较容易梳理出孩子焦虑的原因。如果你实在找不到原因,也没关系,你不需要像心理专家那样把孩子分析透彻,重要的是当你开始思考的那一刻,你就已经在减轻自己的焦虑感了。只有你平静下来,你才能帮助孩子。

·给孩子更多的确定性

对于未知的情境,尽量给孩子更多的确定性,增强他的心理预知。

拿入园焦虑来举例。你可以在增强孩子的心理预知上下功夫。在送孩子入园时,你每次都要告诉他:"当你和小朋友一起吃完晚饭的时候,我就来接你了。"尽管这并不一定会缓解孩子的哭,但从心理上会让孩子有一种确定性。同时,一定说到做到。慢慢地,孩子就会在这种稳定中逐渐适应幼儿园的生活。

另外,你还可以用游戏的方式帮助孩子体验和理解,增强他对确定性的理解。比如,用玩偶和他玩小熊上幼儿园的游戏。在游戏里,小熊到了幼儿园很想念妈妈,所以哭得好伤心,你可以和孩子进行角色扮演(妈妈演小熊,孩子演妈妈):

> 小熊今天上幼儿园了。尽管它知道自己长大了,但它还是好想、好想妈妈。老师对它很好,但不行,它还是想妈妈,"呜呜……"快安慰一下小熊吧,来,抱抱它。
>
> 上课了,小熊心里想着:"妈妈,妈妈呢?妈妈在哪儿?"老师在读故事,小熊心里想着:"妈妈,妈妈呢?我的妈妈在哪儿?"
>
> "哦,想起来了,妈妈说了,晚上我和小朋友吃完晚饭,妈妈就来接我了,我就可以见到她了。"
>
> "我最喜欢和小朋友一起做游戏了,真好玩。"
>
> "该午睡了,我又想妈妈了,嗯,没关系的,妈妈吃完晚饭就来接我了。"
>
> "该吃晚饭啦,晚饭好香啊。吃完晚饭我就能见到妈妈了呢。"
>
> "妈妈,妈妈!你来接我啦,你果然在我吃完晚饭时来接我啦。"

"见到你真好，妈妈，我今天特别棒……"

在这个角色扮演的游戏中，玩具小熊在共情孩子的感受，这会让孩子心里好受得多；同时也可以教会孩子用语言来安慰自己，从而调节情绪。

在游戏中，玩具小熊把想妈妈的焦虑用言语化的方式表达出来，并且不断地安慰自己。慢慢地，孩子会内化这种方式，学会用这种方式来安慰自己，减轻自己的焦虑。最后，玩具小熊如期见到它的妈妈，这个情节进一步强化了妈妈与孩子的约定，让孩子有了更多的确定性。你可以多次和孩子玩这个游戏，直到孩子顺利适应幼儿园生活为止。

当然，如果能在入园前就做一些铺垫工作最好，比如讲讲与入园有关的绘本、和孩子玩上幼儿园的角色扮演游戏、多带孩子到家附近的幼儿园观察小朋友们的户外活动、和他聊聊小朋友们都在玩些什么、强调有很多小朋友在一起真好玩等，这些方法都会减轻孩子在入园时的不适。另外，在入园前让孩子养成自理的习惯，自己穿衣、自己吃饭、规律睡眠、学会和小朋友交流，这都是在增强孩子的确定性。

- **绕过行为，关注情绪**

对于前面提及的孩子焦虑时的种种表现，我们需要绕过行为，关注他们的情绪本身，因为这些行为的真正根源在于焦虑的情绪。

我们可以尝试：

从自己入手，调节情绪。

先让自己淡定、放松，告诉自己"这没什么大不了的"。每个人都会焦虑，你现在的焦虑可能源自童年的经历或者对一些未知事情的过度放大，与孩子无关，所以你要先调整好自己，才能帮助孩子。父母越是淡定和放松，孩子在遇事时就越不容易焦虑和紧张。同时，试着让自己学会与焦虑共处，反思自己在焦虑时的感受，然后让自己坦然面对和体会当下的焦虑。

不刻意制止孩子的行为。

当孩子有咬手指、摩擦生殖器等行为时，避免用生硬的方式直接阻止孩子，因为这只会让孩子更紧张，从而加重这些行为。

以咬指甲为例，你需要暂时放下对孩子行为的焦虑和过度关注，轻轻地告诉孩子："把手洗干净了再咬，好吗？"一位妈妈反馈，孩子洗了手后往往就忘了要咬指甲的事了，最重要的是，妈妈这种淡定的态度传递给孩子一种"这不是什么大事情"的信息，这也会让孩子放松下来。

还有的妈妈见到孩子咬手指时会故意装作很夸张的样子，搞笑地用手拍一下孩子，嘴里念叨着："谁让你咬我儿子的？看看是谁在咬我儿子。"孩子一开始会愣住，告诉妈妈："我就是你儿子。"慢慢地，当妈妈每次都这样做时，孩子就笑着把手移开了。

有人会问："那孩子要是觉得好玩，继续咬怎么办？"要知道，焦虑才是这种行为的起因，当你制造了轻松和愉悦的氛围时，焦虑就会慢慢降低，所以你不需要担心行为是否存在，孩子这样做的原因已经不是焦虑，而是他觉得你很好玩、他想跟你有更多这样有趣的互动，此时他的焦虑已经转化为了快乐。

接纳孩子焦虑的情绪。

当孩子有任何情绪化的表现时，接纳他的情绪，用之前提到的"共情式倾听"的方法理解他的情绪。被接纳的孩子会感到身边有人在支持他，帮助他应对不确定的事情，进而感到安全。

用放松的方式帮助孩子平衡焦虑的情绪。

接纳并不代表什么都不做，你还需要帮助孩子调节情绪。你可以带着孩子运动，因为运动是调节情绪最好的活动，比如枕头大战、床上摔跤等。你也可以带他玩大笑的游戏，大笑可以释放令人愉悦的激素，有效帮助孩子降低焦虑。

对入睡困难的孩子，你可以在孩子睡前洗澡时和他拿着玩具在浴盆里玩一些轻松的游戏，在孩子睡前放一段轻松的音乐，或者在孩子躺下后给他一个拥抱，这些都可以很好地帮助孩子调整情绪。

帮助孩子解决问题

前面提到过，解决问题能力的限制会加重孩子的焦虑感。所以，除了平衡孩子的焦虑，父母还要和孩子一起解决问题。

如果父母意识到孩子的焦虑源于父母之间的不和谐冲突，那么就应该调整夫妻之间的关系，不再当着孩子的面吵架，即使吵架后，也要告诉孩子：你们爱他，吵架不是因为他，而是你们没控制好情绪，让孩子重获安全感。

当孩子出现退行性行为时，父母要试着帮助孩子解决情绪问题。比如当大宝因二胎而"退化"成小婴儿，不要和他的情绪较劲，要知道他针对的不是你，也不是弟弟妹妹，而是自己内心无法排解的焦虑，抱抱他，告诉他如果感觉不到爱了，就告诉你，你会给他充满爱的电量。如果孩子尿床，不要指责他，请他帮你一起换掉床单，或者把床单塞到洗衣机里，告诉他，他这个阶段肯定会过去，你并不担心。

其他的任何问题都是如此，你淡定接纳、积极寻求解决办法的态度非常重要。

调整认知，重新看待焦虑

帮助孩子激发新的认知也可以有效调整他的焦虑和压力。比如，面对入园焦虑的孩子，你可以和他多聊聊在幼儿园交了哪些好朋友、和老师一起玩了什么新游戏，引导他把关注点多放在那些积极的事情上。

此外，读相关的绘本也是激发新认知不错的方法。当孩子看到绘本中的角色也和自己有一样的经历，并且看到这件事情的结果和自己预想的不一样时，他就会对未来更有预见性，从而降低焦虑感。

无论是什么问题引发了孩子的焦虑，你都要尝试着找寻根源，增强孩子的确定性，同时调整自己的情绪，帮助孩子面对和排解问题。慢慢地，孩子的焦虑感就会降低。

焦虑的情绪是正常的，我们每个人都会经历。面对焦虑时，我们也要学会调整自己，不让焦虑的情绪产生过度影响。小孩子还不成熟，他们面对焦虑时，更需要父母的支持，孩子的焦虑是父母和孩子共同的课题。

愤怒是孩子求助的信号

孩子充满愤怒、大发脾气的时候，是最考验父母耐心的时候。看到孩子充满怒火的样子，父母的第一反应就是说服他，让他安静下来。否则就会感到挫败，觉得自己对孩子失去了控制，这也是父母常常会因为孩子的愤怒最终忍不住发火的原因。如何面对孩子的愤怒，已成为很多父母的必修课。

那么，关于孩子的愤怒，你了解多少呢？

愤怒源于恐惧和悲伤

当孩子充满怒气的时候，你可能会认为他不懂事，被惯坏了，所以会大发脾气。事实上，在孩子强大的怒气下面还包裹着其他情绪，比如恐惧或者悲伤。

比如：

一个目睹了家庭激烈冲突的3岁半的孩子，在之后几个月一直很情绪化，一点儿风吹草动就会惹得他大发脾气。比如，他的好朋友和另一个小朋友玩，没有和他玩，或者比赛跑步时他输了，他都会打人——打一下还不够，他甚至会追着别人打，如果追不上，他就开始哭。

这个孩子的这些表现实际上都源自他内心深层次的恐惧。在目睹父母冲突的那一刻，他无法理解发生了什么，内心只有恐惧。因为恐惧过于强烈，超出了他的年龄所能承受的范围，他自己没有办法消化，所以这种情绪一直影响着他。他把被拒绝和挫败视为危险，当一些本来很正常的事情发生时，在他看来却是危险重现，于是他选择了自我保护。

他的应激状态让他选择了战斗模式，如果那一刻他的妈妈了解到这一点，就不应该只看到他攻击别人的愤怒行为，而是应该意识到他比任何时候都需要帮助。当孩子的恐惧得到理解和倾听以后，就会慢慢消化内心的恐惧与不安，重新恢复友好和自信。

除了恐惧，悲伤也会引发愤怒。一个孩子因搬家离开了自己的小伙伴，或者和好朋友发生了矛盾，又或者刚断了母乳，这些令他悲伤的事情都有可能会引发愤怒，孩子可能会变得情绪化。如果你看到一个孩子狂暴地扔东西、打人，他有可能正在感到痛苦，积存在身体里的悲伤没有人理解，这时候的他比任何时候都需要你的帮助。

对待愤怒的反应世代相传

孩子在愤怒时所做的一切往往都被我们视为"不妥"的行为，

我们要么阻止他,对他大吼;要么讨好他,满足他的一切要求;要么忽略他,对他视而不见。但是,上述做法不但不能阻止他发泄愤怒,还会剥夺他体验和调节情绪的机会。

我们之所以会用这些方式来面对孩子的愤怒,有可能因为儿时的我们也有过同样的经历——当我们愤怒的时候,如果父母心情好,可能会提高嗓门来警告我们;父母心情不好时,就会比我们还愤怒,父母开始惩罚、打骂我们。于是,当我们成为父母,也会不由自主地用这些方式对待孩子的愤怒。

那么,面对孩子的愤怒,我们还可以做些什么呢?

如何应对愤怒的孩子

·调整认知,重新看待愤怒

认知和信念决定着你的情绪和行为。所以,调整认知是你首先要做的,这样你的注意力就不会集中在那些令你气愤和沮丧的事情上,而是放在孩子的身上。

第一,时刻提醒自己,孩子需要你的帮助。

你要意识到现在看见的、听到的并不是所有的事实,在孩子的愤怒背后还有你未能发现的恐惧和悲伤。思考最近发生了哪些事情有可能让孩子产生这些情绪,试着在孩子心情较好时和他聊聊天,聊聊那些令他恐惧或悲伤的情绪,光是倾听就会对孩子很有帮助。

第二，时刻提醒自己，孩子之所以对你发脾气，是因为把你当成了他最亲近的人。

还记得孩子的"情绪小背包"吗？当他感觉"小背包"很重时，就会把它扔给你，因为你是他最亲近的人，他的内心渴望从你这里获得理解和安全。重复做这样的思考可以让你改变原有的固化思维——你总以为熊孩子是在和你作对，事实上他只是无法应对，需要你的帮助。

第三，统计一下孩子在哪些事情上容易愤怒。

如果孩子的愤怒没有太多规律，那很可能只是恐惧和悲伤的情绪在影响他。如果孩子总是因为某一件事大发脾气，那你还需要思考，是不是你在这件事情的处理上欠妥，比如对孩子过度控制或者期望过高。调节你的情绪，减少过度控制，多给孩子一些选择权，也许孩子的愤怒情绪就会减少很多。

·共情并非安慰

我们还容易陷入一个误区，就是在孩子愤怒时，认为他需要安慰，然后对着一个愤怒中的孩子说出你刚学习到的共情的话，然后等着奇迹的发生。如果这一刻你心里想的是："你赶紧别哭了，别再这样发脾气了。"即使你嘴上说着那些共情的话，你的态度也会出卖你，孩子要么对你说"你别说了"，要么更加火爆地发起脾气来。

对一个愤怒中的孩子共情本身没有错，前提是你要悉心体会他的感受。你的目的是出于理解，为他释放愤怒提供安全的空间，而不是一厢情愿地要让他从愤怒转向平静。所以，比起你说出怎样的语言，孩子更需要你的倾听和陪伴，要知道，不是你说完共情的话，孩子就会从愤怒中脱离出来，这需要时间。

如果共情后，孩子的愤怒不减反增，也未必是"共情"失效了，也可能你的共情发挥了完美的作用，让孩子可以放心地释放愤怒。如果再多给他一点儿时间，他也许还会哭出来，从那一刻起，他的愤怒就得到了释放。

于此，共情愤怒的孩子时还需要注意两点：

第一，不要说得太多。如果说得太多，就会对孩子产生干扰，孩子将无法集中精力应对自己的愤怒情绪，当你没完没了地说话时，他的大脑是没有办法理性思考的，他会把所有的语言都排除在外。

第二，顺应孩子。有的人会试图在这个过程中拥抱孩子，结果被孩子推开，事实上，他需要再给自己一些释放愤怒的时间，你就待在一旁陪着他就好，在他需要你的时候再给他拥抱。

· 接受孩子情绪的同时，阻止不当的行为

刚才一直在说接纳和共情，如果孩子不停地踢打你或者摔东西怎么办？

只要他没有伤害自己、伤害他人、破坏环境，你就不需要干涉他。如果他触碰了这些界限，你就要出面干预了。你可以温和地阻止他，告诉他可以发脾气，但不可以摔东西，并且把容易摔的东西拿走。如果他踢打你，你就要保护好自己，阻止孩子的腿继续踢到你，同时告诉他："你看起来很生气，不管怎样，我都会一直陪着你。"

如果孩子对你说一些难听的话或者吼着让你离开，要知道，那不是真的。无论如何，只要你能应付得了自己的情绪，能让自己保持平和，就不要离开孩子。请放心，虽然你陪着他，孩子可能会表现得生你的气，但是如果你真的离开了，他可能会更生气，因为他会感到自己真的被抛弃了。

·哭是转机，意味着孩子正在穿越愤怒

如果你给孩子发泄愤怒的机会，或者对他说"无论怎样，我都会陪着你"时，孩子开始哭起来。别担心，哭是一个好的转机，意味着孩子正在穿越愤怒，慢慢转好。心理医生克里斯汀·巴利-琼斯谈到，人在有情绪时所流出的眼泪里含有促肾上腺皮质激素，它会促使身体释放应激激素——皮质醇，也就是说，哭是消耗这些化学物质的一种相对轻松的方式。

孩子愿意哭出来，恰恰是因为你给他创造了一个安全的环境，让他可以把积聚的压力通过眼泪释放出来，这是清理情绪的必经阶段，是值得庆祝的事情。孩子先是愤怒，再是悲伤，然后才是真正地接纳与成长，你只需要继续让孩子感到安全，倾听他的哭泣就好。

·着手解决存在的问题

倾听和释放愤怒并不是终点，如果有未能解决的问题，还需

要进一步解决，否则孩子可能会在某一件事上不停地闹情绪。

一位妈妈曾向我反映，她因为两个孩子的冲突而头疼，大宝总是对二宝充满愤怒、大打出手，比如当二宝抢了他的玩具，或者妈妈先讲了二宝选的睡前故事时。

这位妈妈反思自己在处理两个孩子的矛盾时的做法：很多时候，她都在偏袒二宝，一味强调大宝要让着小的。此后，这位妈妈转变了做法，不再做裁判，而是把主动权交给两个孩子，让他们来商量，并且还专门抽出时间来陪大宝。慢慢地，大宝愤怒的情况减少了，两个孩子也变得更容易相处了。

愤怒并不是洪水猛兽，它只是告诉我们，我们还有很多不知道的信息，比如孩子遭遇了悲伤、恐惧或不公平的待遇；它告诉我们要静下心来解决这些问题。当我们能静下心来面对孩子的愤怒时，我们也收获了成长。在这个过程中，我们会变得越发接纳和包容孩子，越发沉得住气，越发懂得活在当下的意义——那就是认真地去经历孩子的每一次情绪，哪怕是来势汹汹的愤怒。

第二部分

读懂孩子的需求

第 5 章
安全感是一切养育的根基

在第一部分中,我们聊了如何读懂孩子的情绪。这一部分,我们来谈谈如何读懂孩子的需求。

作为父母的你可能会发现,孩子小的时候哪里都可爱,但是随着孩子越来越大,他也变得越来越淘气,越来越"不听话"。

令你头疼的是,为什么 1 岁半的孩子不停地哭闹,和你对着干?他想要什么东西就一定要马上得到,讲各种道理都没有用!2 岁的孩子为什么这么不可理喻,你告诉他:"吃饭吧。"他却说:"我不吃!"你告诉他:"那不要吃了。"他却说:"不行,我就要吃!"好不容易盼到他上幼儿园了,结果入园焦虑、不合群、胆小、害羞、怕输、打人、执拗、要求完美……又有好多问题接踵而来。

每个孩子在不同的成长阶段,都有着不同的需求。就像婴儿啼哭一样,孩子的行为也显示出他们未被满足的需求——无论这个行为在你看来多么不合逻辑,或者多么让你头疼,它都是一种表达。孩子的理解力、情绪调节能力、自我控制力、语言交流能力以及解决问题的能力都有限，他无法把自己的感受和需求准确地告诉你，所以，那些令他纠结的感受和未能被满足的需求就演变成了一系列的不当行为。虽然这是一种很幼稚的做法，却是他当下最擅长的方式。

所以，比起关注孩子的行为本身，你更要关注行为背后的心理需求，不然你每天都会花大量的时间来纠结如何搞定孩子的行为。当了解了孩子深层的内心需求时，你会发现，不管他们表现得如何——或友好，或反抗，或逃避——他们其实都需要你的理解与支持。

稳稳的"安全感"

在这个部分，我们会着重了解几个重要的心理需求，看看孩子的行为与这些需求之间的联系，以及怎样在既满足需求又引导行为的前提下与孩子沟通。当然，这个部分不可能涵盖孩子所有的需求，我希望通过对孩子需求的解读让你有一个深刻的认识：比起行为，我们更要关注孩子的内心。

首先，我们来聊聊关于安全感的需求，因为安全感是一切养育的根基，也是最基本、最核心的需求。不同的理论都向我们证明了安全感对一个人的重要性：

> 习性学（生物学的一个分支）的观点认为，婴幼儿和养育者之间的情感联结，即安全依恋，是进化的产物，它可以

增加物种存活的机会。

依恋理论的提出者约翰·鲍尔比认为，人类婴儿就和其他的小动物一样，天生就有一些办法使父母留在自己身边，这有助于婴儿逃避危险，为他们探索和掌控环境提供支持。这是一套内在的信号，它把成人召唤到婴儿身边。随着孩子年龄的增长，在孩子新的认知和情感能力，以及父母温暖而具有反应性的关怀的支持下，安全依恋——这种真正的情感联结就形成了。

从起源学的观点来看，一个人成年后的不安全感和其早年经历有关。一个人的早年关系如果充满不确定因素（比如父母的情绪不稳定、父母之间时常有冲突、父母缺席），这些不安全感会渗透到他的人格层面，即使长大后，他在安全环境中仍然会感觉不安全。所以，童年经历也影响着人的命运。

无论哪一种观点都向我们展示了安全感既是人类生存的必需，也是人类后续发展的根基。一个安全感良好的孩子会愿意和妈妈分离，成为一个独立的个体；而一个缺乏安全感的孩子则会表现得缺乏自信，容易退缩，不愿接受困难和挑战，很难适应新的环境，在入园、入学时都会出现难以适应的问题，不容易和其他人发展好人际关系，在社交上也容易出现问题。在他长大成人后，要么过分依赖别人，要么极度怀疑自己的能力。

那么，关于如何帮助孩子建立良好的安全感，你需要了解哪些知识呢？

健康的依恋关系

很多妈妈会问,孩子特别黏自己,每次离开,孩子都会哭,是不是因为缺乏安全感?还是自己平时太惯孩子,导致他过度依赖自己?

实际上这是一种正常现象,这恰恰意味着你与孩子之间建立了良好的情感联结和信任,你给了孩子安全感。

根据精神分析和习性学的理论,孩子内心的爱和安全感源自他与父母之间健康的依恋关系,而健康的依恋关系有助于孩子心理等各个方面的健康发展。

不同依恋类型的孩子

在安斯沃斯著名的陌生情境测试中,研究人员把1~2岁的孩子和妈妈带到陌生环境里,然后观察孩子在与妈妈离开和重聚后的反应,并据此把孩子的依恋类型分成了安全型依恋及不安全型依恋。

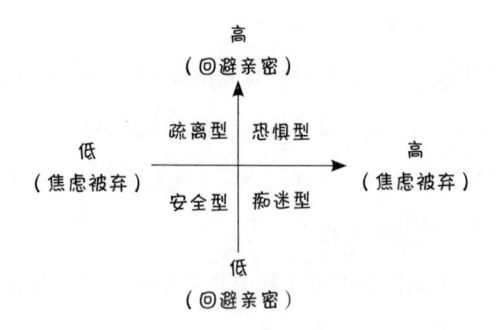

	高 (回避亲密)		
低 (焦虑被弃)	疏离型	恐惧型	高 (焦虑被弃)
	安全型	痴迷型	
	低 (回避亲密)		

· 安全型依恋

妈妈是他们的安全基地,他们对亲密关系有笃定感和信任感。这种安全的感觉会延续到他们成年以后,他们会对他人有基本的信任,对自己很有自信,也能很好地与他人发展亲密关系,情绪比较稳定,具有很好的适应力。

· 不安全型依恋

具有不安全型依恋的孩子则被分为回避型、矛盾型和紊乱型,他们的表现各不相同。

回避型的孩子对妈妈没有形成密切的情感联结,无论妈妈是否在场,都表现得漠不关心。当妈妈回来时,他们会回避妈妈,即使被妈妈抱起,他们也不愿意靠近妈妈。这类孩子很容易被认为是独立的孩子,但事实上,他们是因为不再信任妈妈而选择了回避。长大成人以后容易变成很难"深交"的人,他们总是隔离自己的情感,与他人刻意保持距离。就像有些人很难走进深入的关系,即使要结婚了,可能也会想方设法地分开。

矛盾型的孩子对妈妈的态度很是复杂:在和妈妈分离前就会一直跟着妈妈,寻求和妈妈亲近,不去探索环境。妈妈离开时,他们会大哭,妈妈回来后,又不容易被安抚好,会表现出生气、踢打的行为,甚至哭上很久。他们既寻求与母亲接触,又相当抵抗。这类孩子长大成人后,很容易充满焦虑和依赖性,害怕被抛弃,常用讨好、妥协、控制的方式与他人接触。就像有些人经历了失恋以后就会崩溃掉,很难结束一段关系。

紊乱型的依恋是最糟糕的一种依恋模式。孩子面对妈妈时会表现出自相矛盾的行为，比如在被妈妈抱起时表现出茫然、抑郁的情绪，受到安慰后反而会意外地哭起来，或表现出奇怪的冷冰冰的态度。这类孩子长大成人后很难与他人发展良好的亲密关系，也是发生心理问题的危险人群。

看到这里，你可能已经在对号入座了。你是不是有点儿担心，如果你和孩子都不属于安全型依恋，该怎么办？

当然，没有人会告诉你，一个人在婴幼儿时期属于哪种依恋类型，成人以后就一定会有怎样的行为模式。人的一生是处于不断发展中的，有太多的不确定性，但有一点是可以肯定的：如果你一直不做任何调适，让孩子所处的环境与所接受的教养质量一直处于同一水平，那么这种模式就会持续；如果你做出调整，即使孩子已经处于青春期，你也能给他补足一部分安全感——就像是一杯水，之前这杯水有些浑浊，如果你加入一些清水，浑浊的水就会因被稀释而变得更清澈。当你开始注重安全感的价值以后，你给予孩子安全的任何举动，都有机会融入孩子的人格当中。

精神分析理论中有一个观点：如果你想让曾经安全感不足的自己拥有更多的安全感，那么就去发展新的、安全型的人际关系，这个人可以是你的丈夫、妻子、孩子，也可以是你的同事、朋友。这种观点向我们再一次强调了人际关系的重要性。如果后期需要花那么多努力去修复不安全感，为什么不从现在这一刻起，就给你生命中最重要的人之一——你的孩子更多的安全感呢？

安全感的建立过程

孩子的安全感是在养育的过程中慢慢建立起来的。如果用一个词来形容安全感，那就是"相信"。孩子最初相信的人是他的妈妈（在这里，"妈妈"这个词代指所有养育者，即所有给孩子安全感的母亲似的人物），然后孩子会相信环境，相信环境中其他的人，进而相信自己。

对于一个安全感良好的孩子来说，即使在妈妈不在场的情况下接触到陌生的人和环境，他仍然相信自己可以应对，因为他的内在有一种安全的感觉。而孩子的这些"相信"取决于我们的养育方式和养育质量。

从孩子的出生开始，安全感的建立就在一步步形成。

·新生儿

以婴儿的心智状态，他还没有办法区分当下的需求是什么，只能通过发出本能的信号，像哭、抓、微笑、注视等来吸引妈妈的照顾，从而建立亲密关系。

因此，妈妈需要具备思考力，这种思考力既有与生俱来的成分，也有主动观察反思的成分。一个具有思考力的妈妈会抱起哭泣的孩子试着给他哺乳，并且观察孩子的反应，即使在10分钟前她刚刚喂过他，如果不行，她还会试着去理解孩子是不是不舒服了。

这样妈妈就在孩子的情绪还没有达到极端痛苦的情况下满足了孩子生理或心理的需求。妈妈用积极、温暖的回应让孩子得到了抚慰和理解。如果这种互动稳定、持续地发生，那么孩子就会对妈妈、对亲密关系产生信任，这就是安全感的根基。

·6个月大

孩子对妈妈已经很熟悉了，但由于他们还不能理解"妈妈离开后会回来"的事实，所以当妈妈离开时，他们会感到焦虑。这种表现也恰恰印证了孩子与妈妈之间的信任关系，正是由于前期产生的信任，孩子才会对妈妈充满依赖，不管遇见陌生人还是害怕的事情都会来找妈妈。只要获得妈妈的安慰，他们就会感到安全，继续去探索周围的世界。妈妈的安抚让孩子开始信任环境，进行更多的探索。

·1~3岁

在孩子的发展历程中，最重要的一个过程是和母亲之间建立安全的联结。如果联结过程在孩子1岁以前顺利完成，孩子就会感觉到安全，就有足够的能力探索周围的世界，并在2~3岁在心理上与妈妈分离，他会更加自信独立，不会总扯着妈妈的衣襟、一刻不停地黏着妈妈。

一般在2岁以后，随着认知和语言的发展，孩子可以理解妈妈的离开和返回，对分离的抗议和哭闹也就少了。有了这一切的信任做基础，他开始相信除妈妈以外的其他人。

·3岁以后

经历了上述的发展阶段后，孩子就能与妈妈建立起一种持久的情感联结,并把这种联结视为安全基地。孩子"内部心理作用的模型"形成,他们的心里住进了一个"内在的妈妈",无论妈妈在不在身边,他们都可以利用以往信任的经验来应对一切未知的情况。也就是说,他们开始信任自己:即使妈妈不在,自己也可以应对很多事情,能用自己和妈妈之间形成的内在关系来应对外面的世界。

安全感随着孩子的成长逐步演进。这个"相信"的内部心理模型将成为他们人格的一个重要部分,指导他们未来的情商发展、社交发展、自尊自信和亲密关系。

那么,在这个过程中,让孩子从相信妈妈到相信自己的影响因素都有哪些呢?

安全感的影响因素

"重要他人"

"重要他人"就是让你感觉特别重要、给予你安全感的那个人。

在孩子成长的过程中,他会至少认定一个"重要他人"作为他安全型依恋的对象,这个人一般就是妈妈。如果妈妈很忙,不能经常陪伴孩子,那么这个人还有可能是经常照顾他的祖父母或爸爸。当然,"重要他人"也有可能是几个人。

在与"重要他人"的互动中,孩子形成了比较稳定的安全型依恋关系,认为自己与这个"重要他人"之间的关系是可以信赖的，他们之间的情感联结是紧密的。

妈妈相对稳定的情绪

妈妈的情绪稳定很重要：一方面，孩子的安全感更多受到妈妈的影响；另一方面，一个心情好就给孩子无条件的爱、心情不好就大吼大叫的妈妈，是很难让孩子感觉到安全的。

在这里，我说的是相对情况，你不可能永远不对孩子发脾气，但要尽可能保持稳定的情绪，因为孩子最担心的就是失去你的爱。当面对着大吼大叫的妈妈时，孩子感受到的只有恐惧，除了对你的态度的恐惧，还有担心失去爱的恐惧。

孩子相对稳定的经历和感受

稳定的经历和感受是指没有发生太多突如其来的事情。孩子的理解能力有限，像断奶、更换抚养人这样的事情，都有可能影响到孩子的安全感。特别是断奶，这是孩子和妈妈第一次正式意义上的分离，它不仅关乎生理，更关乎心理。很多断奶过程过于猛烈、直接，甚至妈妈在断奶期间刻意离开孩子，这些情况都会使孩子的安全感受到影响，导致孩子过度焦虑，孩子要么在断奶后开始吃手，要么睡前就要摸着妈妈的胳膊或者手才能入睡，或者变得过度依赖妈妈。

而频繁更换抚养人、更换环境等，也会让孩子产生不稳定的感觉，令孩子惶恐不安，这会影响到孩子后期在面对分离时的反应。

父母放手的程度

放手是指要给孩子独立和自我决定的机会,不过度保护和干涉孩子。如果父母对孩子过度保护,什么事都帮他完成,或者什么事都过度担心、干涉孩子,那么孩子就没办法相信自己的能力,只要没有父母在场,他们就会觉得自己什么都做不好,这自然会破坏孩子的安全感。

了解了这些影响因素后,我们要怎么利用这些因素,更好地给孩子安全感呢?

如何帮助孩子建立良好的安全感

发挥"重要他人"的关键作用

对于孩子来说,有几个"重要他人"以及这个人是谁并不重要,重要的是这个人能否给孩子安全感。

- "重要他人"为孩子提供安全基地,这将是供孩子一生停靠的港湾

你是否留意过,无论你的孩子是在独自玩耍,还是遇到挫折和困难,他都会跑到你身边来寻求安慰?大部分情况下,你抱一下

他、安抚一下他，他就可以走开，继续做之前的事情。他需要你在他的视线范围内，即使是在你旁边玩一会儿，他也会经常过来看你一眼，或者黏你一下，这是因为他把对你的安全依赖的感觉当作了安全基地。

3岁以前，孩子需要"重要他人"提供的安全基地一直围绕在他身边，以便可以经常过来"充电"。一般情况下，如果孩子在玩耍时知道你就在旁边，那么无论遇到任何情况，孩子都很容易表现出积极和好奇。

有些6个月大的婴儿见到陌生人会焦虑和不安。当他出现不安情绪时，你需要及时给他安慰。如果家里有陌生人来做客，你也可以和陌生人有积极的互动，或者递给客人一个好玩的玩具，教他和孩子玩一个熟悉的游戏，让他慢慢地（而不是突然）靠近孩子。这样可以减少孩子的恐惧。事实上3岁以前的孩子所产生的恐惧和不安，不需要你统统帮他解决，但需要你通过及时的安抚为他提供安全基地的感觉。

当孩子面对玩具被抢、被打、积木倒了等情况时，他也会向你寻求安慰。该怎样应对这些令他们有挫败感的情境，我会在后面展开，而当他寻求安慰时，给他拥抱和安抚是你首先要做的事情。

随着年龄的增长，安全基地会慢慢内化成孩子人格的一部分。当他长大成人以后，遇到任何情况，心里都会有一个安全的港湾供他停靠。

- **"重要他人"不一定是和孩子待得最久的人，但一定是和孩子情感联结最紧密的人**

有些妈妈说："我也陪孩子呀，但孩子更黏他奶奶。"

为什么呢？如果妈妈认真观察自己和婆婆与孩子相处的方式有什么不同，她们会发现原因有很多，比如妈妈会过于严厉。然而，这并不意味着婆婆过于娇惯，婆婆可能因为心疼孩子、很少训斥，即使孩子"做错"了事，也是心平气和地和孩子说话，而孩子更容易与温和的人同频，产生情感的联结。

这类问题，一般是妈妈过于严厉或过于冷静的情况居多。如果妈妈是一个平和而坚定的人，并且陪伴孩子的时间也比较多，那么孩子就不太可能会"绕"过妈妈去找奶奶。我遇到一位妈妈，她说自己不属于严厉的类型，平时从来不吼孩子。但我发现她是一个过于冷静的人，甚至近乎冷漠，无论是她的言谈举止还是她与孩子的互动，都是非常理性的。我问她平时是否和孩子玩游戏、玩什么游戏，孩子是否喜欢和她玩游戏，得到的答案是，她平时几乎从不和孩子玩，只是偶尔给他讲些故事。可想而知，这样孩子是很难和妈妈建立起亲密的情感联结的。这位妈妈与孩子情感上的"隔离"也与她自身的童年经历相关——她在童年时与"重要他人"的情感联结存在问题，自身属于回避型依恋。摆脱童年留下的阴影是这位妈妈接下来的成长课题，同样需要她在与孩子相处时有足够敏感的觉察。

事实上，只要妈妈有意愿，那么她想和孩子建立好的情感联结是非常容易的。通常孩子天生就愿意与他人建立联结，尤其是和自己的妈妈。妈妈并不需要24小时不间断地陪孩子，只需要多注意和孩子建立情感联结就好，比如多陪孩子玩玩游戏、多对孩子温暖地微笑、多和孩子说说话，就已经足够。

谈到情感联结，有些妈妈担心自己与孩子的互动过于频繁，会对孩子的成长不利。有位妈妈问我："宝宝黏人是因为和妈妈每天形影不离造成的吗？我的宝宝2岁了，他晚上从没离开过我，下班回家我就陪着孩子，休息日也是尽量陪孩子，但宝宝太黏人了。周围很多宝妈都为了自己的事业出去奔波、经常出差，我感觉她们的孩子反而不怎么黏妈妈。我这种想法对吗？是不是应该适当地和孩子分离啊？"

事实上，这么大的孩子黏妈妈是很正常的事情，这说明孩子和妈妈之间有很好的情感联结，孩子把妈妈当成了他的"重要他人"。妈妈和孩子如果已经习惯了现在的陪伴频率和感觉，那么就不需要刻意调整，因为安全感不是分离出来的，而是陪伴和联结出来的。如果孩子一直表现得不管妈妈在不在都无所谓，或者一直黏到五六岁你才应该警惕。这往往意味着孩子要么是回避型的不安全依恋，要么是矛盾型的不安全依恋，该调整的是妈妈和孩子的情感联结，以及妈妈焦虑不稳定的情绪。情绪越稳定，孩子越独立，依恋才是独立的前提。

当然，我并不是说要让妈妈放弃一切来陪孩子，尊重客观现实就好。如果妈妈经常出差，那出差时可以和孩子视频，回到家多陪孩子。每个人的情况不同，所以家庭与工作的平衡点也就不同。但有一点可以肯定的是，你把精力放哪里，你就会在哪里得到收获。

- **"重要他人"要给予孩子积极、敏感的回应**

积极、敏感的回应意味着父母不仅要对孩子的生理需求有所反应，比如尿了、饿了、不舒服了，还要对孩子的心理需求比较敏感。

安全型依恋孩子的父母总是懂得如何积极、敏感地关注和回应孩子。从孩子的婴儿期开始，他们就会跟随孩子的步伐和节奏，和孩子保持"同步互动"。

举个例子，当妈妈和她的小婴儿互动时，婴儿一开始往往非常开心，他会盯着妈妈笑，和妈妈咿咿呀呀，妈妈也会跟随孩子，和他一起笑、一起说话，还会逗他。过了一会儿，孩子把头扭向旁边，敏感的妈妈会意识到，刚刚的刺激对于孩子来说有些过于强烈了，现在需要冷却一下交流热度。她会让孩子先休息一会儿，等孩子转过头来时微笑着等待孩子的反应。如果孩子开始咧嘴和哭闹，妈妈会抱起他安抚，或者去看他是不是尿了、饿了或者困了。这种同步的互动也被称为"情感舞蹈"，即妈妈以一种定时、有节律、适当的方式对孩子发出的信号做出反应，让双方都能适应对方的情绪。

哈佛大学儿童发展研究中心的研究结果表明，婴儿与成人的互动是强健大脑结构的关键。通过这种同步互动，神经元将大脑的各个区域联结起来，从而塑造儿童在生活中所必需的情绪表达和认知能力。

其他研究也显示，如果父母不只在婴儿期，而是在以后的若干年中都保持敏感的反应性，比如当孩子很累、心情不好时会理解他的感受,当孩子寻求关注时会给他更多的倾听和陪伴,当孩子出现行为问题时,会寻求问题的根源,然后适当地给孩子提供情感和技能方面的支持等,就能使孩子在各方面得到良好的发展,包括拥有自信的自我概念、情绪理解力较强、与老师和同伴关系良好、道德责任感和成就动机较强。相反,如果父母长期反应不敏感,孩子就很有可能在发展中遇到各种困难。

当然,要做到反应敏感且积极,并没有那么容易,父母需要有足够的觉察和反思能力。

有妈妈向我诉说她的烦恼:每逢周末孩子就会不停哭闹,直至父母带他出门才罢休;而在外面的时候,孩子的表现会特别好,与在家时判若两人。但他们俩想和孩子好好待在家里过周末,不知道怎么解决。以下是我们的对话:

"你觉得,如果你是孩子,为什么爸爸妈妈带他出门,他就表现得特别好?"

"可能是因为家里不好玩,爸爸妈妈在家里都各忙各的,没有时间关注他,而且孩子喜欢在外面玩,在家里好无聊。"

"那么,你觉得这个问题的原因,一方面是因为孩子希望你们更多关注他,另一方面是他希望到外面多释放些能量、让自己更开心,或者说他现在有社交需要,希望多交一些朋友。对吗?"

"是的,外面有小朋友可以和他一起玩,每次玩完回来,他情绪会好很多。"

"嗯，如果他的需求得到了满足，并且你们在家里也能多抽一些时间关注他，你觉得他在家里的状态会好一些吗？"

听我说完，这位妈妈释然了。实践也证明她的反思是对的，孩子后来很享受和爸爸妈妈在一起的时间，很乐意待在家里。

所以，当你发现孩子的举止很令你困惑时，先不要急着解决问题，而是要认真思考一下，孩子需要的到底是什么，或者换位思考一下，如果是你，你希望得到的会是什么。

· **即使拥有"重要他人"，也并不意味着爸爸妈妈可以缺席**

有些妈妈因为要上班，平时把孩子交给老人带，下班后或节假日才能陪伴孩子。这可能是目前很多家庭的现状，然而还有些家庭的情况没有这么乐观——有些爸爸妈妈把孩子送回老家，认为孩子3岁以后再接回来上幼儿园就可以。当然，我也能理解每个家庭都有自身的客观情况，如果条件允许，没有谁愿意和孩子分离。

一位妈妈因为实在没有办法把女儿带在身边，只能让女儿在另外一个城市和外婆生活。我告诉她要多和孩子视频、通话，她说这是她最不敢做的事情，因为每次联络时，女儿都哭着说想妈妈。尽管我告诉她，哭正是孩子宣泄情感的积极方式，要不然这么小的孩子如果内心积聚着这些情感，反而会对她的成长不利。然而，这位妈妈还是不太敢面对。事实上，这位妈妈最难面对的不是孩子，而是自己的焦虑情绪。

我们不得不去考虑很多家庭的实际情况，但我还是希望每个人都能珍惜孩子3岁前这个阶段，这是孩子一生的基础。如果在基础阶段你是缺席的，那么你和孩子未来所遇到的任何问题都需要你花费更多的时间和精力去改变，特别是你们之间的情感联结。很多人是在孩子3岁以后把孩子接回身边，甚至小学以后才和孩子生活在一起。还有的人在生了二宝以后，先把其中一个孩子交给奶奶带，等晚一些再接回来。这些父母虽说情况各有不同，但他们几乎都遇到了一个共同的问题——孩子和自己并不亲近，而且特别"不好管"，什么都不听自己的，有各种各样的问题要解决。在孩子人格的形成过程中，情绪的理解、表达和调节能力，与人社交互动等，父母都是孩子最理想的老师。

• **孩子希望自己的"重要他人"也能感觉到安全**

当很多父母问关于孩子的安全感以及自信的问题时，我经常会反问他们："你们的夫妻关系怎样？"一般情况下，要是夫妻之间有相对稳定和谐的关系，孩子便会拥有基本的安全感。如果作为孩子"重要他人"的父母都生活在不安全之中，要么发生冲突，要么冷漠相待，没有建立起良好的亲密关系，那么孩子会是第一个感知到的人。

> 一位妈妈曾向我抱怨她的丈夫，以下是我们的对话：
> "我的丈夫简直不可理喻，他经常会对孩子大吼大叫！我在主动学习怎么和孩子沟通，而他除了喊什么都不会，也不肯学！"

"那的确很让人无奈,你希望和丈夫之间拥有一致的教育理念,但是这很难,这让你很无力。"

"是啊,他根本就不听我的,他对孩子吼完之后,我俩就会吵起来。"

"你肯定也不希望这样。"

"对,我也不想和他吵。每次吵完,我就后悔,孩子变得胆子都小了,生怕我们吵架。"

"所以你觉得,你和丈夫之间的争吵对孩子也会有不好的影响。"

"是啊,可我又不能眼睁睁地看着他这样对待孩子。"

"这的确让人纠结,你既想为这种状况做点什么,又担心会让事情变得更糟。"

"那么,我该怎么做?"

"如果你是孩子,你希望爸爸妈妈怎么对待冲突?"

"我希望他们能和平解决,一起有商有量。可我的情绪一上来就由不得自己了。"

"是的,处于情绪当中时,我们会变得不理性,这也意味着有情绪时并不是处理问题的最佳时机。你可以试着坦诚地让孩子知道自己和丈夫之间也会有冲突,这不是坏事情。让孩子看到你能控制好自己,等情绪平静下来再和爸爸沟通,这样孩子也能学习到更重要的东西。"

如果孩子的"重要他人"之间经常争吵、闹情绪,特别是这种情绪是因孩子而起，孩子就会感到内疚和焦虑。作为孩子，他希望自己的"重要他人"也能生活在安全状态之中。

如果冲突处理得当，那么这也是孩子学习和成长的机会。如果你努力尝试过，却仍然没能避免冲突，那就让它自然发生吧，你要做的就是调适冲突的"度"，不要让它对你们造成伤害。

向我咨询的这位妈妈后来改变了方式，她不再直接指出丈夫的不足，也不再因为孩子的事情和他争吵，而是选择事后与丈夫单独沟通，理解他的感受后，再说出自己的想法，并邀请他一起商量解决办法。

几周后的一天，丈夫和孩子在吃饭时又发生了不愉快，这次她没有选择在丈夫有情绪的时候和他沟通，而是在事情过后来到了孩子身边，她告诉孩子："你刚刚和爸爸发生了不愉快，这让你很难过。"她鼓励孩子把自己的情绪和需求表达出来。于是，一张字条被孩子送到了爸爸的手里，上面写道：爸爸，今天在吃饭时你责骂了我，这让我很难过，我希望你以后能心平气和地和我沟通，这样我更能听得进去你说的话。"就在这件事发生的第二天，那位妈妈兴奋地告诉我："你知道吗？我丈夫竟然主动和儿子道了歉！"

当很多妈妈头疼丈夫与孩子之间的"矛盾"时，我首先指出的就是夫妻关系的问题。很多情况下，成人经常会迁怒于弱小的孩子。当你先去梳理夫妻关系，建立好彼此的联结以后，你和你的伴侣会有更多的机会在育儿问题上达成共识。即使无法达成共识，你们也会更少使用情绪化的方式来对待孩子。

虽然一旦涉及家庭，问题就会非常复杂，因为各家有各家的情况，处理问题的方式也不是千篇一律的，但是幸福和谐的家庭都有一些显著的特征，那就是爸爸爱妈妈、妈妈爱爸爸——这是孩子最重要的安全保障。

提供稳定的经历与环境

稳定意味着拥有让人安心的一种状态。反之，不稳定会增强不确定性，让我们生活在无法预料的惶恐和不安当中。特别是孩子，他们的理解能力有限，为他们提供稳定的经历和环境，对帮助他们建立内在安全感非常重要。

减少不必要的突然变化，是提供稳定的经历与环境的一个很重要的方面。比如，有些妈妈要重新回到单位上班，这就涉及要有人来照顾孩子。不管是由老人还是由阿姨照看，都不要太突然。可以尽量提前1~3个月的时间把阿姨请到家里，一方面让阿姨适应孩子，一方面让孩子不至于突然面对一个完全陌生的人。

断奶也一样。母乳是妈妈与孩子最直接也是最深入的联结方式，所以吃奶不仅仅是孩子获得营养的途径，也是孩子获得安全感的途径。断奶要尽量循序渐进地进行，一点点增加奶粉的量，先减少白天的喂奶量，最后再减少晚上的量，因为夜晚是孩子对安全感的需求最旺盛的时候。如果断得过于突然，会导致孩子强烈的焦虑和不安，进而导致孩子过度依赖的行为。相反，循序渐进断奶就不容易造成敏感孩子的过度焦虑。

记住，我指的是过度焦虑——很多孩子会依恋小毯子、毛绒玩具，这是很正常的事情，不属于"过度焦虑"的范畴。即使孩子不缺乏安全感也会有以上的行为，不能一概而论地认为孩子只要吸吮手指或者依恋某个物品就是缺乏安全感。如果养育者给孩子的安全感足够，孩子就不会一直依赖。需要引起我们关注的是孩子的过度依赖，比如手指已经被吸出血了，或者一直依赖到八九岁，甚至更大。

给孩子稳定感还包括生二胎要尽量错开大宝的一些关键过渡期，如断奶、入园等。因为这些时期本来就需要孩子花费大量的精力和能量去适应，如果出现更多的不确定性，就会加重孩子的适应难度，会使他更加焦虑不安。

当然，我们的生活不可能一成不变，不可避免的事就让它发生吧，孩子也需要学会适应。每个孩子的敏感程度也不同，断奶、入园、换抚养人、有弟弟妹妹这类事情对于某些孩子来说会带来焦虑，但对于某些孩子来说就无所谓。但无论是哪种类型的孩子，最好都让孩子循序渐进去适应变化。

顺应孩子的需要

我们经常让孩子做一些我们认为他们应该做的事情，或者为孩子做我们认为他们需要的事情。事实上，父母真正应该做的是通过陪伴，不断地观察孩子有什么表现、有什么需要，从而通过一些积极的方式来满足他们。顺应孩子需要的范围很广，在这里我用父母常常提出的一些有关顺应孩子的问题来举例说明。

· **依恋物**

有些父母提到孩子依恋毛绒玩具、小毯子、妈妈的衣服等，甚至经常咬或闻，有的孩子还会吮吸手指，就会担心孩子是不是缺乏安全感，会不会因此形成依赖。

3岁前孩子的主要任务就是建立自己的心理构架，只要这个构架建立好了，孩子就会慢慢独立。在此之前，他需要通过各种方式、渠道来获得安全感。孩子会对小毯子、毛绒玩具产生依恋，是因为这些东西上有孩子熟悉的味道，并且摸起来让他感觉温暖和安全。温尼科特称之为"过渡性客体"，指当婴儿开始意识到自己拥有脱离妈妈而存在的独立自我时，他会逐渐找到一个替代母亲的过渡对象，让自己感到安全。也就是说，孩子原来只知道依恋妈妈，现在他找到了一个妈妈不在时或者除妈妈之外同样可以为自己提供安慰的东西——这个东西既像妈妈一样，又不是妈妈。孩子发展出了一种"象征化"的能力，这份能力不仅是他和妈妈分离时的过渡伙伴，也是他未来创造力的基础。了解这个情况的妈妈就不会不顾孩子的反对去清洗毯子，也不会再买一个新的毯子来替换旧的。

对于孩子依恋物不离身的情况，同样顺应就好：有的孩子会在晚上抱着小毯子，有的孩子会在外出时也拿着，而有的会一直不离手。不管孩子依恋的程度如何，都不需要刻意限制，你要做的就是持续给孩子稳定感，多多拥抱和安抚孩子，特别是孩子开始用吸吮手指或者闻毯子这些方式来进行自我安抚时。

另外，每个孩子的生长节奏不同，所谓的"3岁"并不是一个标准数值，有的孩子在四五岁时也会依恋这些物件。当孩子觉得自己的安全感吸收足够时,他自然而然就会放下那些东西,父母不用过多担心这些依恋物会让孩子形成依赖。

一位课程学员向我反馈了她的情况:

> 我家大宝5岁半,一直有依恋物,现在她非常喜欢鸭子玩偶,天天抱着,吃饭、睡觉、外出玩耍时都从不离身,还自诩为"鸭妈妈",喜欢和这个鸭子玩偶玩过家家。因为一直抱着鸭子玩偶,在幼儿园她也没法做好需要两手配合的动作,比如做早操和打篮球,而且在路上也发生过因为玩偶不慎掉落捡回来时差点儿遭遇事故的事情,所以我和她爸爸劝她把鸭子玩偶留在家中,外出时不能带。孩子现在可以做到上幼儿园不带玩偶了,但外出玩耍时她还是坚持要带,不让带就哭闹得很凶。
>
> 听了老师的课,我知道这种情况不能强迫或者威胁孩子

（我们之前确实有这么做过，虽有效，但孩子的情绪更糟糕了）。我们学着先关照她的情绪，但外出带着玩偶又确实不太方便，于是我们想出了一个折中的办法，让她专门选了个装鸭子的包包背着，这样做她自己也很满意。

这位妈妈用她的智慧做出了平衡，在这个过程中，孩子不仅得到了可以带着鸭子玩偶的满足，更重要的是她感受到了爸爸妈妈对她的爱，这份爱和小鸭子一起让她感受到了安全。

除了某一项物品，依恋物还包括妈妈的乳房或者胳膊。很多妈妈存在困惑，孩子动不动就用手抓、捏自己的乳房，睡前摸胳膊，到底该不该管？

这是涉及双方感受和需求的事情。如果孩子只是偶尔摸一下，妈妈也不是特别不舒服，那就顺其自然。如果孩子摸得有些过度，特别是在外面时会令人尴尬，妈妈自己又感觉不舒服，那么就可以给孩子设一个界限，比如只有晚上睡前可以摸，其他时间不可以，或者只有在家才可以。当然，每次孩子要摸时，妈妈最好的做法还是多给孩子拥抱，让孩子感受到安抚。

另外，每个孩子的情况不同，妈妈的感受和需求也不一样，要根据自己和孩子的情况找到最适合自己的做法。

一位我们父母心理课的学员也跟我分享了她的做法和感悟：

对于"依恋物"我很有感触，我的女儿从14个月断奶后要每天晚上摸着我的乳房才能睡。一开始是白天睡觉，抱着或者躺着都要摸，情绪不好也要伸进来摸。后来大一点儿了，我和她说在外面不能摸，只有在家里能摸，她也听话照办。前段时间我去日本，她爸爸晚上陪她睡觉。她爸爸说她很乖，自己躺下就睡觉了。但我一回来就不行，头一天还和她说长大了就不能摸了，而且她自己也说长大了，可是第二天晚上就不行，又恢复原状了。

　　我思考过原因，我认为就是孩子缺乏安全感的缘故——当初断奶的时候我是突然断掉的，而且我又有一个月不在她身边。断奶前，女儿晚上都是要吃好几次奶的，所以，她不适应我一下子离开。突然没有奶喝，她内心是非常害怕的。想到这里，我就没有再刻意阻止她摸乳房的行为（除了在外面的时候），即便是身边的亲友说我，我也不在意，因为就像您所说的，只有妈妈最了解自己孩子的情况，我相信她会慢慢变好的。现在她已经好多了，只要在她需要安慰的时候，我抱抱她，她就会想摸，我就知道她此刻需要妈妈的安抚，也会满足她一下。

这位妈妈顺其自然的做法也慢慢有了收获。的确，妈妈是最了解自己孩子的人，她知道孩子的需要是什么。她的分析没错，过于突兀的断奶以及长时间的分离，对于孩子来说是异常可怕的，那种强烈的被抛弃、丧失生命供给的感觉需要得到疏解，只有摸到真实的妈妈（乳房）才能降低孩子因丧失而产生的恐惧和焦虑。所以，妈妈选择了顺其自然，允许孩子适度地摸，这种态度也向孩子传递了一个信息——妈妈是可以依靠和信任的。因为妈妈没有表现得比她更焦虑，妈妈可以承受得住她自己承受不了的感受，这会让她感觉到安全。

· 反复吃手

母乳，既代表乳房，也代表母亲，如果你又断奶又断娘，或者突然间就断了，有些孩子就会在断奶后吃手比较严重，因为不得当的断奶，会让孩子感觉不安全和焦虑。即使你断奶没有问题，那么一些在情绪上容易焦虑的孩子也容易在睡前或者有压力的时候吃手。

"吃手"是孩子对自己的安抚，我们不需要干涉。有些人会告诉你要制止孩子吃手的行为，但这对孩子是不利的，只要孩子的手没有受伤，你正常做好妈妈分内的事情，持续给他安全感就好。

如果孩子的行为比较严重，甚至把手咬伤了，那么还需要从你自身的情绪上多找原因，也许是因为你的情绪过于不稳定或者过于激烈，在你身上得不到足够满足和安全感的孩子，只能从其他的途径去补足这份需求，让自己重新体验到安全。无论是哪种原因造成的，当孩子吮吸手指或者开始闻、咬小毯子时，你都可以去拥抱他、表达爱，这一招非常管用。只要孩子开始熟悉你的安抚，他过度寻求安抚的吃手行为就会慢慢减弱。

· 夜晚陪睡

一位妈妈曾向我咨询，平时奶奶带孩子带得多，她发现孩子跟自己不太亲近后，意识到自己需要更多地陪伴孩子，和她重建关系。但问题是，孩子白天和妈妈在一起好好的，到了晚上却一定要找奶奶。

我告诉这位妈妈，夜晚是孩子最需要安全感的阶段，她希望"重要他人"在此刻可以陪着她。妈妈可以顺其自然，夜晚陪睡的事情不用刻意改变。待到孩子3岁后，他的心理构架趋于成熟，就会慢慢与奶奶分离，孩子最终是会独自入睡的。现在，可以把夜晚的陪睡当成孩子补充安全感的方式，通过越来越多的陪伴和联结，孩子也许会慢慢适应让妈妈陪睡。

还有的父母很困惑，应该什么时候让孩子开始独立入睡？

事实上，孩子独立入睡的年龄没有一定之规，要视孩子的具体情况而定。3岁以后，孩子的心理构架完整了，就可以和你们分开睡了，这时你可以做一些尝试，但要循序渐进，比如先分床，再分房间，也可以先陪他睡着再离开。如果孩子半夜总是醒来，哭着要找你，那就不要强迫他单独睡，过一段时间再继续尝试。

·经常要求被抱

我们经常遇到孩子要爸妈抱，不少父母怕孩子养成总让人抱的习惯。一位7个月大孩子的妈妈向我提到这个问题，说孩子总要求她抱。这是正常情况，大一点儿的孩子的父母都知道，孩子到了一定年龄，比如四五岁的时候，就不那么需要你抱了。

孩子的"要抱"一般会发生在六七个月以后，这时他们可以坐、爬，甚至走了，活动的范围更广了，于是，他们逐渐多了一项任务——探索。但在探索的过程中，他们必定会遇到一些新的情况和挑战，这时，孩子还不能确定自己是不是安全的。在你给了他足够的安全与力量之后，他才会继续去探索环境，他是带着你给他的力量去探索的。但对于他而言，新环境太多，也太复杂，他的力量很快就用完了，所以，他需要反复找你确认自己的安全。随着不断的确认，他探索的范围也就变得越来越广。"要爸妈抱"往往是孩子从你身上获取能量、确认安全的方式。

所以，你没必要跟抱孩子这件事情较劲，如果能抱，那就抱，如果累了抱不动，你可以找个地方，抱着孩子坐一两分钟。当然，你也可以选择不抱，态度温和地如实告诉孩子："我知道你很想让我抱，但我现在好累，还不能抱你，我需要休息一下。"同时，你可以给孩子一个大大的拥抱。

另外，你也可以尝试转移孩子的注意力。有的人会和孩子一起玩踩影子的游戏，这是一个非常不错的方法。你会发现，当你转变了对"抱"的认知和态度时，接下来可以尝试的方式会有很多。

一位妈妈在我们家长情绪管理训练营的课后分享中写道：

"我的宝宝1岁多，一直都是我一个人带。很多时候我忙不过来，他却哭闹着要我抱，我情绪很乱，就是不想抱他，他越哭越厉害，我就对他大吼大叫，最后总是懊悔不已。孩子常常玩着玩着就自己跑过来黏我一会儿，抱一抱我。我很困惑，作为男宝宝，他这样会不会太娇气了？听了老师的课，现在我调整了自己的情绪，不是特别忙的时候就会放下手里的事情，主动跑过去抱抱他，这样他便快乐、满足地去玩了。"

· 胆小

有妈妈咨询，说她的孩子看到会动的玩具就会哭，与其他小朋友接触也会哭。总之，孩子的胆子特别小，这是不是说明孩子没有安全感？

安全感够不够，不是单纯依靠孩子的某一个行为或现象来判定的。可以肯定的是，3岁以前的孩子安全感都是不足的，出现"害怕""胆小"的现象是比较正常的，他们正处在吸收安全感的时期，我们能做的就是尽可能给他安全感。三四岁以后如果孩子还是经常如此，那说明孩子的安全感可能建立得没那么好，还需要继续补充。

妈妈应对孩子的"胆小"情况，可以做一些有益的尝试：

首先，我们的情绪要相对稳定。

让家庭关系（特别是夫妻关系）保持相对和谐，否则孩子会一直处于焦虑和不安之中，会对更多未知的事情感到焦虑。孩子过于惧怕环境和事物，很大程度上都与其家庭内部的情绪有关，要么是父母过于情绪化，要么是家庭关系过于紧张。

其次，做好社交参照。

如果孩子对一些陌生环境、人或事反应过度，那么父母可以多陪陪孩子。我们之前谈到，安全感是一种信任，如果有妈妈或其他"重要他人"的陪伴，孩子会觉得陌生环境是安全的。如果妈妈先走过去，和小朋友温和、友好地打招呼，或者饶有兴致地玩起那个会动的玩具，孩子就会慢慢减轻焦虑、放低警惕。

最后，调整教养方式，补足孩子的安全感。

大量研究表明，孩子是否胆小、易退缩，与其先天气质类型的相关性并不大，而与父母的教养方式关系更大。强迫和溺爱都更容易导致孩子的害羞、胆小及退缩。强迫型的父母会加重孩子的焦虑；而溺爱型的父母对孩子保护过度，即使很小的压力也不让他们经历，那么这些孩子也更难克服退缩。

所以，适度地鼓励孩子参与和突破，不仅会帮助孩子克服陌生情境，也能帮助孩子通过确信环境、人和自己，建立更多的安全感。

比如在这个例子中，面对孩子胆小的情况，父母可以一边做出社交参照——与陌生小朋友接触，一边鼓励孩子也参与进来。如果孩子仍旧哭，那么就安抚他，不强迫他，但是依然要不断地创造机会让孩子参与和突破。

关于胆小，还有一类问题比较常见，那就是："孩子在家很活泼大胆，一出门就沉默安静，是不是因为没有安全感？"

这种情况也可能涉及很多因素，也有很多处理方法，在此列举三个方法：

尊重孩子的气质类型，避免比较。

每个孩子气质类型不一样。比如，对于忧郁型的孩子和乐天型的孩子而言，可能前者表现得内向，到外面就很老实；后者表现得外向，在外面很活泼。不要去做这类比较，每一种气质类型都有两面性，某个特质既是优点，也是缺点。你不能指望一个孩子既谨慎、不容易遇到危险，又和所有人都能打成一片。想要平衡好孩子的优劣势，就一定要避免比较。

补充孩子的"人际安全"。

安全感当中还包括一项被称为"人际安全"的感受。人本身就是群居动物。在远古时期，人类依赖群体来捕猎和生存，曾经，我们的祖辈也群居在一起，生活在村庄里。那时候，每个人都不是孤独的，人和人之间的紧密联系促成了一种令人安心的感觉，这就是"人际安全"。

今天，现代化的生活改变了这种生活方式，家庭生活变得更独立，很多孩子也是独生子女，这就使得他们缺失"人际安全"，这也是当今社会很多孩子不适应外部环境的一个原因。好消息是，人类天生向往群体生活，与人交往是人的本性。只要多给孩子创造与他人交往的机会，就可以激发出他们天生的社交本能。

所以，你不用过于担心孩子在家里和外面的两面性，家本来就应该是孩子感觉最安全的地方。如果孩子在家里和外面都胆小，都感觉不安全，这才是问题。

让孩子觉得自己足够好。

有些孩子在外面表现得过于胆怯，特别是在幼儿园里。这些孩子会过度在意别人的评价，除了安全感不足以外，还和教养方式有关，可能父母面对孩子时会过度情绪化，以及过度批评。这会让他觉得"我不好"。

孩子带着这种"我不好"的感觉和别人相处时，他就会总担心自己说错话、做错事,别人会怎么看自己,别人会不会不喜欢自己,所以,他不敢表达、不敢大声说话,即使被别人欺负和霸凌了也不敢说。

所以,一定要给孩子一种"你是有价值的"感觉,"即使犯错,也不代表你不好"。特别是在孩子 6 岁以前,因为这个阶段,孩子更多依靠成人的评价来评判自己,过多的指责批评会让他体验过度的羞愧感,会造成他 6 岁以后过度的自卑。

一位父母心理课的学员分享了自己改变后孩子的变化:

> 朱老师的课程让我从一个爱较劲的妈妈变成了会遵循孩子自我发展从而正向引导的妈妈,我们的关系突然变得和谐了。孩子也有很大的变化,从原来的胆小退缩、不自信、不敢跟老师表达,变成了上学时会主动抬头和老师打招呼,还在教室里帮助老师看管纪律。更让我想不到的是,他还代表班级主持了学校的升旗仪式。我觉得我改变的不仅仅是孩子,而是我自己。

是啊,我们要改变的其实不是孩子,而是改变焦虑不稳定的自己,我们也是借由孩子得以重新生长。

真正的安全感需要适度放手

安全感和独立并不是完全割裂的。有些人在孩子需要安全感的时候会小心翼翼地保护孩子，认为帮助孩子搞定一切，不让他受到任何挫折和伤害就是给他安全感；而当孩子到了该独立的时期，却恨不得马上把孩子推出去让他独立。但是，前期的过度保护使孩子丧失了独立的能力，孩子认为自己离开了父母什么都做不了，所以一直无法做到父母期望的独立，有的孩子甚至到了十几岁仍与父母寸步不离。

真正的安全感是需要父母适度放手的，让孩子经历该经历的，让他们有机会运用自己的能力应对困难；而当他遇到挫折或困难时，父母又会随时准备出手支持他。这样，孩子才能相信自己既有能力又有所依靠，这是他未来与父母分离、走向独立的重要前提。

一位妈妈告诉我，自己读大二的儿子转去部队当兵，他在电话里哭着说想家，说什么也要回家。这位妈妈很是懊恼，说孩子长这么大，还是第一次离开家。以前孩子无论去哪里，她都会跟着，现在她后悔没有让孩子早点儿锻炼一下独立的能力。

事实上，不是孩子该不该锻炼的问题，而是这位妈妈之前的安全感可能给错了方向。如果妈妈这个"重要他人"只是跟着孩子、照顾他、帮他解决问题，却没能让孩子感觉到安全基地的存在、感觉到稳定的情绪和家庭关系，那么孩子就会始终生活在不安全之中。如果孩子拥有足够的安全感，他就会拥有强大的内力，到了一定的时候，他会主动地要求脱离你去独立，否则你连推都推不走。

放手涉及方方面面

从孩子很小的时候，我们就可以做这样的准备，拿最简单、普遍的吃饭举例：如果父母选择给孩子喂饭，这既是一种不放手的表现，也是一种干涉。

有的父母担心孩子磕碰，就把部分家具扔了；有的孩子用手一指，父母就把他要的东西递来；有的父母为了让孩子好好吃饭，顿顿"电视加餐"……

事实上，这些家长都是把自身的焦虑和恐惧转移到了孩子的身上，他们的表现更像是一种控制，把孩子控制在可控的范围内，自己才会感到安全。但是，对于一个生命力旺盛的孩子来说，长期处于过度保护中，他无法体会到自己的价值感，自身的安全感也很难建立起来。当他离开父母的照顾、进入新环境时，他就会觉得惶恐不安。

所以，每一位试图过度保护孩子的父母都需要思考，自己当下满足的是孩子对安全感的需要，还是他们自身对安全感的需要。

处理好分离焦虑

"孩子总黏着我，甚至在我上厕所的时候也寸步不离。"
"我只要一出门，孩子就哭个没完。"
"孩子只要走进幼儿园大门，就会哭闹不停。"

这些都是典型的分离焦虑。

从人类进化的角度讲,婴幼儿不适合离开成人过久,因为如果把他们单独留在山洞里,就可能会被野兽吃掉。出于生存本能,分离会促使孩子产生焦虑。

从普遍意义上讲,孩子的分离焦虑是一种正常情绪,需要被我们接纳,而且这种焦虑会逐渐淡化和消失。但是,有时候我们也需要做一些事情来调适这种情绪。比如,如果你不知道如何接纳和面对孩子的分离焦虑,往往容易加重孩子的这种情绪。这时候,你需要学会一些应对的方法。如果孩子因分离而出现过度的焦虑,那我们就需要给予他们帮助,调适他们的压力体验。

接下来,我们就来谈谈分离焦虑的调适方法。

·给孩子心理预知

焦虑来源于未知,孩子在面对一些不确定的事情时,很容易产生焦虑和不安。

一次聚餐,亲戚迟到了。当得知她迟到的原因时,我赞扬了她。她有个不满3岁的宝宝,那一天,孩子的爷爷奶奶带着孩子去上早教课,上完课因为一些事耽搁了没能准时回来,她一直等到孩子回家才出来见我。她并不是因为不放心,而是因为她希望孩子看到妈妈离开和回来。

我非常赞同她在乎孩子心理预知的行为。不管是多大的孩子,都需要我们为他们提供心理预知,而不是随性地离开和回来。

对于有分离焦虑的孩子,当你离开时可以告诉他:"妈妈在你吃晚饭的时候就会回来",或者"太阳公公下班了,我就回来"。并且要尽量保证自己能够规律、准时地回来。只要这种稳定性形成了,孩子就会慢慢适应分离。

有些孩子过于黏妈妈,无论妈妈上厕所还是做饭,孩子都要跟着,除了年龄原因(2岁前的孩子就会这样),可能还出于两点原因:

第一,孩子对于未知的焦虑过多。有的妈妈会让家人掩护自己离开,这样做孩子会更加焦虑,他会想:"妈妈走时,我紧张;妈妈在家时,我更加紧张,因为妈妈动不动就消失了。所以,你上厕所时,我要跟着你;你做饭时,我也要跟着你。"

第二,妈妈自己属于矛盾型的不安全型依恋。这种类型的妈妈会凭心情来带孩子,心情好时对孩子温和而坚定,心情不好时就对着孩子大吼大叫。这样,孩子既享受过妈妈的亲密对待,又会惧怕妈妈。作为小孩子,他非常享受被亲密地对待,但妈妈不稳定的态度又无法给予他足够的满足,所以,这类孩子总是感觉自己得到的关怀不够,希望妈妈能更亲密地对待他们,于是就会更多地和妈妈黏在一起。

谈到这里,你可能会疑惑,如果不偷着走开,孩子就会哭个没完啊!

的确,这很考验一个人的耐心,你不一定要到必须出门时才匆匆走掉,可以提前准备出门,尝试为孩子多留一些时间。不妨提前半个小时或更长的时间准备离开，这样也可以让孩子有更多的时间来过渡情绪。

· **调整好自己的情绪**

孩子对于成人的情绪都是异常敏感的，如果妈妈焦虑不安，那么孩子也会焦虑不安。有时候，妈妈在与孩子分离时的严重焦虑情绪会感染到孩子。很多妈妈对孩子分离时的情绪会异常焦虑，这往往与妈妈自身的童年经历有关。比如，如果在她的幼儿时期，尤其是分离的时候，没能收获到足够的安全感，那么当她面临与自己孩子的分离时，就会很容易唤起深埋在记忆里的情绪。关于这点，我们在谈到焦虑情绪时已经阐述过。

分离焦虑是很正常的现象，它恰恰证明了你与孩子之间建立了紧密的情感依附关系，只要平时多注重给孩子安全感，孩子焦虑的情况就只是暂时的，你要相信孩子是有适应力和复原力的。多从这个角度思考，妈妈自身的情绪也会慢慢得到调整。

· **帮孩子调节情绪压力**

共情孩子。

你可以对孩子说："你想让妈妈多陪你一会儿，不想让我离开，是吗？"

允许孩子哭一会儿，或者用轻松的口吻和孩子说："给妈妈一个'魔法亲亲'吧，这样等魔法时间到了，妈妈就会飞回来见你了。"

如果孩子在分离的时刻哭闹,那么你尽可能地倾听就好。哭可以帮助孩子释放焦虑,很多孩子入园一年后还存在分离焦虑的问题,这往往是因为他们一直没有机会释放情绪。

此外,日常生活中也可以做一些缓解孩子情绪压力的铺垫,比如:

给孩子更多的身体安抚。

抚摸孩子的身体,如后背或身体的两侧,都可以帮助他释放压力,使他恢复平静。此外,身体的接触也是与孩子建立联结的重要方式。

与孩子进行游戏。

比如"大笑游戏"。小孩子很容易被我们逗笑,大笑可以释放内啡肽等令人愉悦的激素,帮助减轻孩子的焦虑。特别是,如果在你与孩子分离之前,先玩上20分钟的大笑游戏,你会发现分离变得更加顺畅。"躲猫猫"也是缓解分离焦虑的一个很有效的游戏,因为它从心理上暗示孩子:"妈妈消失了还会回来。"玩"再见游戏"也是个不错的主意,你可以假装和孩子再见,然后再打扮一下,特别搞怪地出来,让孩子对你的出现满怀期待。

高质量的陪伴。

尽可能多地提升陪伴的"质量",因为只有在高质量的陪伴下,妈妈才有机会和孩子建立深度联结,才更有可能和孩子调频到一起。之后,我会详细阐述高质量陪伴的方法(参看第7章)。

要知道,你就是孩子的"重要他人",你会为孩子提供安全基地,带给孩子安全型依恋。上述方法听起来像是一项大工程,你是否担心自己会做得不够好，或者在孩子 3 岁以前没有做得那么完美，因此让孩子缺失了安全感？

每一个人都不是完美的。无论怎样，我相信每一个当下，你都在竭尽全力做更好的父母。安全感是每个人一生的课题，从你意识到的这一刻起，就要努力成为孩子的"重要他人"，和他发展亲密的依恋关系。虽然亲子间的安全感是有"有效期"的，但你可以在有限的相处中，给予孩子无限的力量——在他生命的每一个时刻，这份力量都会与他同在。

第 6 章

叛逆不是错，读懂孩子的 "独立宣言" 最重要

在上一章里，我们聊了如何帮助孩子建立安全感。这一章，我们来聊聊孩子的"独立的需求"。

安全感与独立是相伴而生的，而且，依恋才是独立的前提。

一般情况下，在孩子独立这件事情上，父母会遇到两类情形：

一类是孩子无法独立，过于依赖妈妈。有些孩子六七岁了还要一直拉着妈妈的衣角，自己的事情也无法独立完成，遇到陌生的人和环境时适应得相对困难。这类情况需要从安全感的层面去应对，要补足孩子的安全感，这在上一章中已经有过探讨。

另一类情形是孩子要求独立，但有些行为让父母头疼。孩子有自己的主见和想法，比如父母让他做的事情非不做，不让做的事情却一定要做；他总是和父母对着干，不停地说"不"。明明是自己喜欢的东西，却说"不喜欢""不要"；明明该尿尿了，你问他要不要尿，他却说不尿，紧接着就尿了裤子；你说"不可以吃手"，他听了反而吃得更起劲儿。

当你遇到这些问题时，首先要恭喜你：你的孩子长大了！他进入了人生中第一个"叛逆期"，他在向你发表"独立宣言"。

事实上，这些叛逆行为都是孩子在心理上追求独立的表现，他们在不断验证刚刚建立起来的自我。但这些"叛逆"行为对父母来说却是挑战，而且这个阶段也在为孩子未来青春期与你的关系奠定基础，怎样做能既尊重孩子的独立性，又能与他们沟通交流，让他们乐于合作？这是本章将要讨论的部分。

接下来，我们就来谈一谈这些与孩子独立相关的、令人头疼的现象，看看其中的原因，以及我们该怎么应对。

请别再说"可怕的2岁、麻烦的3岁和4岁"，叛逆源于自我意识的萌芽与发展

一般从1岁半开始，孩子就会时不时地把"我不"挂在嘴边。到了2岁，他开始说"我来"，门我开、电梯我按、大便我冲，别

人做了就得重新再来，滑梯都是"我的"，小朋友不可以玩。到了3岁，孩子开始说"我必须"。香蕉掉了，包里有也不行，"我必须吃掉到地上的那个！""我必须买玩具"；香蕉折了，"必须给我弄直了"；他摔倒了都可能会告诉你"是我自己要摔倒的"；"我的玩具，我不分享"……

他到底在干吗？只是简单地为了叛逆而叛逆吗？

在儿童发展心理学当中，我们会把这个阶段称为孩子自我意识的高速发展期，自我意识是干什么的呢？其实就是孩子在发展"我"，自信是"我相信我"，自控是"我控制我"，不是我"妈妈控制我，不吼我就不动"，未来的学习动机是"我要学"，而不是"你得学"。所以，自我意识也是孩子未来自信、自控力、内驱力的基础。

那么，自我意识是1岁半才开始发展吗？

心理学家们的说法不太一样，有的说是1岁，有的说是6个月，不管怎样，现在每天嘴上挂着"我"的孩子，他都在津津有味地发展他自己。他的目标只有一个，要独立出去，成为一个自信、独立的个体。

在孩子和你相处的这十几年里，你至少会经历两次自我意识的高速发展期，一次是在他2岁左右，一次是在青春期的前期，也就是10岁开始。有一点需要我们注意的是，第一个自我意识的发展期，如果你用了压抑、控制、情绪化的方式对待孩子，那么在第二个青春期的自我意识发展期，你可能就会遇到很多困难，因为之前没能处理的问题，在青春期会更多地显现出来。

所以，别和孩子说的"不"较劲，他不是想拒绝你，而只是想自信地做自己，即使你问他："你吃糖吗？"他也会毫不犹豫地和你说"不"，因为他首先关心的并不是吃不吃糖，而是自己的"独立宣言"是否有人接收到，自己是否可以独立。很多人会因此和孩子较劲："好啊，是你说不的，那就别吃啊。"结果这样一来，孩子就开始发脾气。我们渴望通过这种方式让孩子得到"叛逆"的教训，结果却剥夺了他们独立自主的权利。

情绪化代表着矛盾

孩子在发展自我意识的过程中，还经常表现得情绪化，因为此时的他们既想独立，又不能完全脱离父母做好所有的事情。试想一下，当你想做一件事而又做不到的时候，你会有怎样的感受？是不是觉得很矛盾、很受挫？

很多心理学家把生命的头两年称为"人生中挫败感最强的时期"。同时，伴随2岁左右自我意识有关的情绪出现，像内疚、尴尬、羞愧等，孩子所能体验到的情绪也更加丰富了，某件事情可能会导致他内疚、尴尬、羞愧这些情绪一并出现，令他更为纠结，而他还没有能力处理纷繁复杂的情绪。所以在这个时期，孩子的内心经常是充满冲突和矛盾的。

国内有一个约定俗成的说法，叫"可怕的2岁"，在英语国家中，它被称为"Terrible Two"。我不太喜欢这个说法，因为"可怕"会让人焦虑，从而忽略了孩子的发展。如果全世界的2岁孩子都如此"可怕"的话,这说明什么呢?说明这种现象不是孩子的"问题",而是人类普遍的规律,就像每个孩子都会掉牙一样。

叛逆源于不当的沟通方式

"和你说过多少次了,玩具玩完了要收起来,你就是不听!"

"你能不能快一点儿,一到洗漱的时候就磨蹭!"

"你要是不好好吃饭,就饿你到下一顿啊。"

"你每次答应得倒是挺痛快,可怎么就不长记性呢?"

说教、批评、建议、威胁、质疑……也许我们就是伴随着这些声音长大的,而现在,我们又把曾经听到的话说给孩子听。

一位妈妈曾向我咨询:"我要求孩子做的,她都不答应,总爱反着来。比如,我让她穿上拖鞋,她的第一反应就是'我不要穿';睡觉时我让她盖好被子,她就故意把被子全部踢掉。"

我们之前有谈到,一方面,这是孩子在用说"不"的方式练习她刚刚建立起来的自我;另一方面,这还可能与妈妈的沟通方式有关。如果妈妈是命令的态度,孩子也很有可能会反抗妈妈,因为在这个特殊阶段,她是容不得别人对自己指手画脚、发号施令的。

虽说在这个阶段孩子说"不"的情况是正常的,但如果孩子过度地说"不"、极度唱反调,那就可能说明你的约束、批评过多了,导致孩子产生了过度反应。

叛逆让为人父母的自我受到挑战

我们在养育孩子时的确面临着许多挑战,特别是当他们表现出"叛逆"的时候。即使你已经知道了这些行为是由于孩子自我意识的发展,也知道了这只是一个过渡的阶段,然而在面对这些情境时,你可能仍然难以保持冷静。如果你面对孩子的叛逆行为总是暴跳如雷,或者和孩子"斗争"不断的话,这很可能意味着你脆弱的自我无法应付这些挑战。

· **回到父母的童年**

一位妈妈提到,每次孩子对她说不,她都会想尽办法让他听话,结果总是换来孩子的继续反抗,她也常常因此暴跳如雷。

我让她回顾自己小时候的经历,当她表现出不听话的行为时,她的父母是怎样的态度。她说自己的妈妈特别严厉,绝对不允许她说"不",如果她不听妈妈的话,妈妈就会惩罚她,她还清晰地记得自己曾经被罚用手洗了整整一盆衣服。

童年时期,我们的自我很难得到完美发展,父母对我们的不接纳和控制会导致我们的自我变得脆弱或不堪一击。而当我们为人父母时,孩子总是会勾起我们这部分回忆。尤其当孩子用他的自我来挑战我们的自我时,我们往往会退行到幼年时期,这个时候,就不是父母在和孩子对话,而是两个小孩子在进行自我的对抗。

但也正因为有了孩子,我们才得以回到过去的经历当中,有机会改善自己。当我们能清晰地意识到孩子的自我与我们的自我毫不相干——孩子不是在与我们作对，只是在做他自己——意识到我们的自我不需要通过压迫孩子来获得满足时，我们就可以更加平和地处理孩子与我们的"对抗"。

在上面的例子当中，如果妈妈意识到自己对于孩子说"不"的过度反应源于自己童年的经历，那么这种觉知的过程就会把她原本深埋的记忆从潜意识中调取到意识层面。因为意识层面的东西是可以被我们控制的。所以，接下来这位妈妈就有机会更好地控制自己，有意识地去调整自己对待孩子的态度。

如何面对孩子的"叛逆"行为

我们常常会有一些非此即彼的想法，比如"如果不能让孩子完全服从我们，他们就会和我们无礼对抗"。面对孩子的叛逆，我们很容易责备和数落他们，甚至惩罚他们，接着孩子就会加倍逆反和对抗。而这时，逆反和对抗的实质已经演变成孩子的"自卫"行为。当孩子总是想着怎么保护自己，却无法考虑自己的问题行为时，我们的教育也失去了价值。

育儿是一项长期的任务，我们要制定的是让孩子更好成长的长期目标。而当我们用非尊重的态度和孩子交流时，我们是无法教给他们如何表达尊重的，孩子的"反叛"也会因此愈演愈烈。

所以，接下来我们来谈谈基于育儿的长期任务，帮助孩子度过"叛逆期"的方法有哪些。

用"你希望"来表达对孩子愿望的理解

如果孩子的要求是合理的,对自己、对他人、对环境没有什么伤害的话,他表达了愿望,而你又能满足他,这很好。比如当孩子因为妈妈按了电梯按钮不开心,要求自己重新按时,就让他重按。

如果有一些事情涉及你自己的需求和感受,或者某些原因不能满足孩子时,那么你就不需要满足,但可以表达对孩子愿望的尊重,用"你希望"来描述孩子的愿望:"你希望按你说的路线再走一遍,要是我们有足够的时间该多好啊,下次我们就按这个路线走,一会儿我们拿笔把它画下来好吗?"

一位妈妈向我咨询,她说:"我女儿就是要拿爸爸的眼镜来玩,可是已经玩坏了两副了,该不该再给她?"

这个没有标准答案,孩子对什么都感兴趣和好奇,喜欢模仿成人。对于眼镜的事情,你可以满足她,也可以拒绝她,关键是要用尊重的方式对孩子说"不"。

事实上,当你用信任的态度,耐心地告诉孩子,该用手拿着哪里,轻轻地,孩子会很愿意配合,如果你就是不想让孩子踫,那么也可以平和地告诉孩子"爸爸摘掉眼镜会看不到东西,连你都看不清楚了",然后再假装看不到他,"哎呀,你看,我要亲你的脸蛋儿,不对呀,这好像是鼻子啊"。说笑间你就可以把眼镜拿走了。当然,你还有别的选择,比如给孩子买一副玩具眼镜。

如果孩子所表达的愿望是不安全的,或者因为其他一些因素不能满足他,那你就不需要满足。

比如,孩子要拿着锋利的成人剪刀玩耍,我们应该避免反应强烈地把剪刀夺过来,这只会让他更加"逆反",为自己失去的力量感而发脾气。你可以轻轻地走近他,扶着他一起用剪刀来剪一张纸,并告诉他:"这个剪刀很锋利,可以把纸剪断对不对?"你甚至可以用手扶着纸和剪刀,让孩子自己尝试一下。接下来,他可能还要自己剪,你可以告诉他:"你现在自己用剪刀会有危险,我们需要一起剪。如果你要自己剪,就用这把剪刀。"说着,你可以把儿童剪刀递给他。

也许他会因此难过,或者发脾气,这时,你也需要理解他的愿望,告诉他:"你希望多玩一会儿刚才的剪刀,那把剪刀真的很新奇。"让他的情绪得到倾听和理解。当然,你也可以把锋利的成人剪刀收起来,放到他够不到的地方,这样更能保证孩子的安全。

当你尊重了孩子的愿望并允许他表达情绪以后,他很有可能就不会再如此和你较劲,因为你既满足了他自我意识的表达,又让他感受到了爱和安全。

当我们应用这个方法时,有两点需要强调:

接纳孩子的哭。

当你不能满足孩子时,即使你不停地说出"你希望……是吗",他仍有可能会哭闹,这时,你接纳他的哭闹就好,因为你无法让一个正经历痛苦的孩子笑着来接受你的建议。此时,你的接纳会让孩子感到表达愿望是安全的,并不会因此遭受吼叫和责备,他会感觉到你在乎他的愿望,即使你没有满足他的愿望。

很多时候,我们所谓的"孩子不听话,怎样都不行"更多是因为我们经受不了孩子接下来的哭闹,然而哭是孩子释放压力和痛苦的重要方式,应该被接纳。

不要试图去改变一个说"不"的孩子。

有太多父母咨询我,怎样改掉孩子说"不"的习惯。有的人说,自己和孩子进行了各种沟通,甚至打骂,都没有用。

通过前面的部分,你已经明白这是孩子自我意识发展的需要,要允许孩子说"不",然后对他一些不恰当的行为予以纠正。如上述方法中所说,能满足的就满足,不能满足的就表达对孩子愿望的尊重,倾听他的哭就好。你会发现,当你对于说"不"的反应更淡定、不较劲的时候,孩子就会表现得越来越乐于配合了。

下面的场景能够帮助你更好地理解和扩展这个方法:

> **反例**
>
> 孩子:"我要吃糖。"
>
> 妈妈:"不可以,你还咳嗽呢!"
>
> 孩子:"不嘛,我就要吃!"
>
> 妈妈:"你这孩子怎么这么不听话……"

> **正例**
>
> 妈妈："你知道吃糖会让你的咳嗽加重，但你还是想吃，看来糖果太有吸引力了。"
>
> 孩子（哭）："我就是要吃！"
>
> 妈妈（抱着孩子）："要是你现在的咳嗽已经好了该有多好，你就可以吃糖了。"
>
> 孩子："我现在已经好了。"
>
> 妈妈："你希望自己已经好了，妈妈也希望。不如我们想想，等你病好了，我们还需要准备什么糖果？妈妈给你买你最喜欢吃的巧克力好不好？"
>
> 孩子（用手抹了抹眼泪）："我要吃巧克力豆。"

当你不能满足孩子时，至少要让他觉得，他在表达愿望时是安全的，这样他会更愿意继续去表达愿望，同时能够感觉到你在乎他的愿望，愿意倾听并理解他的愿望。

用"PlanB"代替拒绝

界限是不当行为的终点，同时也是合理行为的起点。

你不必一味禁止孩子做某件事，而是应该帮助他回到合理的范围内去做事情，因为你还要让他收获成长。

但是，当你不能满足他的需要时，还可以怎么做，让他感觉更好一些呢？

研究表明，这种需要是可以通过某个替代物来满足的，我们也称之为"替代满足"。

M.奥夫西卡娜针对替代满足进行了一系列研究。她采用阻止实验，让儿童完成某项任务，中途阻止儿童，然后叫他们做另一项任务，任务完成以后，询问儿童是否还想试做前一项任务。实验证明，凡是性质相似、难易相等的替代性任务完成以后，儿童就不再试做被阻止的任务了。

我们可以把这项实验应用到一些不能满足孩子需要的生活情境当中。比如孩子想要吃糖，而你因为某种原因不能给他吃，那么你可以用他喜欢的另一样东西（我们又可称为"PlanB"，即替代方案）来代替，比如酸奶，孩子也许就会同意，因为他的需求同样得到了满足。可想而知，与这种方式相比较，直接用"不行"来回应孩子可能更容易导致一场"争斗"。

有妈妈说让孩子去刷牙洗脸很难，比如对他说："你该刷牙了。"他的回答一定是"不"。那么，你可以试试用孩子感兴趣的事情来替代及过渡，比如："宝贝，你晚上想听哪本睡前故事啊，选一本吧。""好啊，你把书放到床上，刷完牙我们就来讲了。"

再举个例子，如果你的孩子在周二的晚上和你说他现在就要玩电子游戏，而通常他只能在周末玩，你除了重申规则以外，还可以问他:"你是不是现在很无聊?想和我下楼玩会儿球,还是玩木头人的游戏?"这种方式给了孩子其他选择,比起一味不让他玩游戏,更容易被他接受,而且这么做可以帮助他用转移注意力的方式来进行自我控制。随着他不断内化这些方法并且提升自我控制能力,慢慢地,他就能学会用各种方式来调控自己的期望和行为。

这种方式也同样适用于二胎家庭。比如,当你的二宝总是咬他的姐姐时,你除了要保护好姐姐,对着二宝说"不可以",还可以再递给他一个牙胶。

当然,并非在所有的情况下你都要冥思苦想寻找替代方案,而且你也不见得都能找得到,但有一个替代物是永久有效的,那就是父母的情感——没有任何一个替代方案可以和父母的情感支持相比,因为每个孩子都需要父母的爱。

对于一个已经听完睡前故事但仍然不愿意上床睡觉的孩子,你可以给他情感支持,让孩子感受到你的爱。当你躺下来,轻哼着歌或者轻轻地拥抱和抚摸孩子的身体时,他很有可能就此安然入睡,因为他正在享受着你的爱。

下面的场景(孩子抓起一个玻璃杯要扔)能够帮助你更好地理解和扩展这个方法:

> **反例**
>
> 妈妈(一把夺过孩子手里的杯子):"不可以扔啊!"
> 孩子:(大哭起来。)

> **正例**
>
> 妈妈（用手托住玻璃杯）："哦，你想扔这个杯子，但玻璃杯不是用来扔的，这个可以（递给孩子一个塑料的杯子，同时拿来一个筐放在孩子面前），看看你能不能扔到筐里。"
>
> 孩子：（沉浸在新的游戏里。）

出于探索的本能，孩子喜欢乱扔东西。孩子的理解能力和控制能力都有限，你需要足够的耐心，不断地设置界限，同时不断地接纳他的感受和需要。然而，设置界限并不是指一味地拒绝孩子做一件事情，而是把孩子拉回到合理的范围内做事情。替代满足就是这样一个方法，你的孩子在这个过程中体验到了界限与接纳，也学习到了灵活处事的方式。在这个例子中，之所以会出现筐，是因为如果仅仅换了杯子，孩子可能不愿意接受。在他原有游戏的基础上加入新鲜的刺激，孩子就更有兴趣接受。

用"是"来代替"不"

如果我现在告诉你，"不要去想粉红色的大象"，你的脑子里面会出现什么呢？

就是一头粉红色的大象，对吗？事实上，这里提到的"不要……"是对潜意识的一种强化，当你听到"不要××"的时候，你的大脑里必须先提取出来"××"的信息。所以，你会首先想到粉红色的大象，之后再进一步加工，让大脑不去想它，转而去想别的东西。当你还不能很好地转移注意力的时候，那头粉红色的大象就会一直停留在你的脑子里。

我们经常对孩子说"不要打人""不要抓妈妈""不要扔东西"等，这些都是对潜意识的一种强化，孩子的大脑里首先会想到打人、抓妈妈、扔东西的情境，然后才能去加工处理这些信息，这对于孩子而言是复杂的。所以，当你说"不可以吃手"，他反而更起劲。那么，既然强化这么管用，为什么我们不去强化另一个方向呢？

· **我们告诉孩子可以怎么做，来代替不要怎么做**

我儿子小米有一段时间喜欢打人。我知道他是在模仿他的好朋友，并且在他打人的过程中，他很感兴趣对方的反应。所以很长一段时间，他见到人就喜欢用手去打两下——无论是陌生的爷爷奶奶，还是婴儿车里的小宝宝。事实上，这也算是一种他发送给别人的社交信号。我没有跟小米说"不要打人"，同时为了让他有更好的做法、不影响他与人接触的积极性，在他每次跑过去要打别人之前，我都会跑过去，一边挥着手向他示范打招呼的方式，一边对他说："还可以这样哦。"大概过了一个半月，突然有一天，他把伸出去的手收了回去，转而用挥手的方式来和别人打招呼。

· **用肯定、接纳的态度**

我们的一位学员分享"我家孩子总是特别磨蹭,有次要洗澡时他还在玩彩泥,爸爸很生气地跟他说,'别玩了,快洗澡去'。孩子回答,'玩好了我也不去。'我平静地跟孩子说'妈妈去准备东西,你一会儿玩好了,收拾好玩具就过来洗澡'之后我就走开了。结果水还没放好,他就过来了,而且他的玩具也都收拾好了。我感觉,其实我们只要用信任、肯定的态度对待孩子,孩子就会特别自觉。"

所以,父母应该先转变思维,多说"我们来吃饭吧""我们来穿衣服吧""这样抓爸爸妈妈的脸很疼,我喜欢你轻轻地摸"这种肯定的语句,这样孩子就不需要过度地和你说"不"。

下面的场景(孩子在墙上画画)能够帮助你更好地理解和扩展这个方法:

> **反例**
>
> 妈妈:"快住手!"
> 孩子:(画画的手停了下来,看着妈妈。)
> 妈妈(去拉孩子离开):"谁让你在墙上画的?在墙上画多脏啊!"
> 孩子:"不,我就要画。"
> 妈妈:"你要是再不听话,一会儿就不让你看动画片了啊!去,赶紧把手洗了,看你弄得一身脏。"

孩子：（不情愿地被拉进卫生间。）

妈妈（嘴里仍然嘟哝着）："你这净给我找活儿干！"

正例

妈妈："宝贝儿，你在画画。"

孩子："是的，妈妈，你看我画得漂不漂亮？"

妈妈（边说边递给孩子一张纸）："嗯，这么大一个太阳，照耀着这些花花草草，我都希望夏天快点儿到来了。你可以把它们画到纸上吗？"

孩子："不，我在这里画得挺好的。"

妈妈："你正在专注地画画，不想停下来再到纸上去画，对吗？"

妈妈："墙不是用来画的，你可以画到纸上。这样好不好，如果把这张纸贴在墙上，你觉得可以吗？这样你可以继续画你的画，而且画好后我们还可以保存起来放到你的小箱子里。"

孩子："好，和我其他的画放在一起。"

用"是"来代替"不",也意味着用"可以……"来代替"不可以……"很多情况下,孩子并不是要和我们对着干,而是想充分地探索和体验。当我们用理解和尊重的方式去满足他们的需要时,他们也会因此学会关注我们的感受和需要。

·为孩子提供选择

对于独立意识刚萌芽的孩子,你需要多满足他的自主性。为孩子提供选择就是这样一种方法。

你可以少问孩子一些"是"或"否"的问题,不然会让你自己掉入非此即彼的陷阱。你可以绕开"是"与"不是"、"做"与"不做"的问题,为孩子提供一些便于推动事情进展的、更为具体的选择,比如:"你想自己跑着去刷牙,还是妈妈扛着你去刷牙?"此时,你们讨论的不是要不要做,而是怎么做的问题,重要的是,在这个过程中,你仍然尊重了孩子的自主意识。

"我的孩子最近生病了,每次喂药都是一场'战斗'——我和老公一个紧紧抓住他,一个灌药。而他极力反抗,哭得撕心裂肺。

"后来,我想到用新的方式来处理这件事,但孩子依旧是不肯吃药,于是我对他说,'这个药很难吃,宝宝不喜欢吃,是吗?真希望不吃药就可以让病好起来'。接下来,我想到老师说除了要理解孩子,对于他一定要做的事情还要再给他提供一些选择,于是我接着问他,'你觉得怎么样才能让你感觉好一点儿呢？你想要妈妈抱着吃，还是自己坐在椅子上吃'，儿子回答我说，'我要站在椅子上吃'。就这样，我们第一次没有用暴力的方式喂他药。"

在吃药这件事上，这位妈妈为孩子提供了选择权，至于选择的方式则有很多，比如："你想用哪个勺子吃药？""你想妈妈抱着吃，还是奶奶抱着吃？"然而，有时即使你给了孩子选择，也仍然有可能拒绝，所以，你需要知道，给予孩子选择是一个充满建设性的方法，你需要尊重它的各种可能性，不要以为给了孩子选择权以后就万事大吉了。给予孩子选择的真正目标不是为了让他听话和就范，而是把孩子当成独立的个体，尊重他自我决定的权利。

如果孩子决定不做，你就需要根据情况思考，这件事是否与界限有关。如果与界限无关，暂时不做又有何不可呢？如果涉及界限，那么在接纳孩子感受的同时，还需要坚守界限。拿吃药这件事来举例，药是一定要吃的，妈妈可以继续坚定地和孩子表达态度，如果孩子因此哭，那恰恰是他疏解痛苦的有利时机——一般情况下，孩子在哭过平静下来之后更容易接纳现实。

·提醒自己"慢下来"

慢下来是一项能力，既可以给孩子时间缓冲，也可以给你自己一些时间来思考，不刻意和孩子较劲。处于独立意识发展阶段的孩子，本就处于一个不停说"不"的阶段，如果父母也急于说"不"，那只会让沟通陷入恶性循环。

"孩子总喜欢说反话，明明是自己喜欢的东西或事情，可他却说'不喜欢''不要'，这是什么心理呢？怎么引导他说出心里真实的想法？"

孩子喜欢说反话，这是他们在验证自己的独立能力。那么，我们要不要引导他说出心里真实的想法呢？

答案是慢下来，顺应孩子的决定，不需要刻意问出他真实的想法。只要你平时不刻意压制他的想法和独立意识，为他提供安全的环境和感觉，那么就不用担心孩子会不敢说出自己的想法。

如果孩子说"要"，给了他，又说"不要"，并且是带着情绪的，那么，一方面，你需要明白此刻他的能力是有限的，他可能正纠结于自己所做的选择，一些复杂的原因使他无法做出令自己满意的决定，他因为自己还运用不好独立决定的能力而感到沮丧和气恼；另一方面，他可能积累了情绪。不管是什么原因造成的，你都应该慢下来，保持淡定，理解他现在纠结的状态，不去和他较劲，先倾听他的情绪，按照他的说法去做，慢慢地，当他情绪平静下来以后，他就能利用"理性大脑"做出让自己满意的选择。很多时候，正是由于成人的急躁和不耐烦，孩子才变得更加纠结和难受，在"要"和"不要"之间徘徊不定。

"孩子很有自己的主见，我拿澡盆准备给他洗澡，他非要自己拿，不然就闹。他认定要自己做的事情，非要亲手做完才肯罢休。"

在这个例子中，孩子想自己做事，这是成长的表现，父母应该支持才对，为什么要因为不让他自己拿澡盆、自己穿衣服这样一些事情让孩子哭闹呢？这种情况往往是父母要做调整，让自己慢下来，多给孩子提供机会，满足他主动性的发展。埃里克森在其心理社会发展理论中就强调，如果在2~6岁期间，孩子的自主性、主动性遭到破坏，那么到青春期时，这些孩子就会缺乏自主性、主动性，遇到更多的学习困难和社交困难，认为自己做得不够好，并且很难培养起对学习的兴趣与动机。

不要小看孩子要求自己扫地、拿澡盆、擦桌子的举动，尽管他们的技能还不成熟，但他们的心理会因此得到重要的发展，现在的自主就是在为未来的自主性和主动性奠定基础。

• 运用轻松的游戏方式

游戏是孩子最容易接受的沟通方式，与其和孩子有板有眼地用语言沟通，不如用一些轻松、有趣的方式化解矛盾和冲突。

对于自我意识发展期的孩子，多和他玩"唱反调"的游戏，可以使他们独立自主的意识在游戏中获得满足。你可以在游戏中发挥想象力，例如"不要闭眼"就是"闭上眼睛"，"不要举起手"就是"举起手"，这会让孩子和你都乐此不疲。

另外，在引导孩子做一些事情，特别是必须要做的、习惯类的事情时，你也要尽量采用轻松的方式，这会让孩子更乐于接受。

一位妈妈向我咨询，她13个月大的宝宝每次吃饭都令她很头疼——孩子经常把嘴里的食物喷出来，越制止他，他越是故意喷，妈妈不知该怎么办。

实际上，孩子也许只是在尝试掌控他的食物，当然，如果妈妈不想强化孩子的行为，那么可以在他发生这种行为的时候，对他说：

"嗯，让我看看宝宝的食物跑到哪里去啦？"然后用手指着他的脖子说："我看快到这里啦。"再指着他的肚子说："哎呀，到这里了！你肚子里的小精灵好勤劳啊，把食物都运到这里来啦。"这种方式反而更容易被孩子接受。

一位妈妈跟我分享："当我让女儿收玩具时，她不想做时就会说，'我不会收拾，我不是乖孩子，我是坏孩子'。早上不想起床时，她就会说，'我是大懒虫'。不想洗澡时她就会说，'我是脏孩子，我要让细菌爬到身上，我要做臭孩子'"。

可见，这是一个模仿能力和语言表达能力都非常好的孩子，她不仅会和妈妈说"不"，还说出一堆说"不"的理由。显而易见，这些理由都是大人曾经告诉她的，她已经学会了用这些话"堵"住父母的嘴。那么该怎么办呢？我告诉妈妈，接下来，要避免再对孩子本身进行评价，而是就事论事。如果她再说起这些话，可以告诉她："不管你是怎样的孩子，我都爱你。我们看看该怎么收拾这些玩具吧，你想先收哪个呢？"

同时，多用一些轻松有趣的方式来引导孩子，这对于这个阶段的孩子尤其受用。

比如想让孩子洗澡，就让他来选洗澡要拿的玩具；想让孩子收拾玩具，就和他玩玩救援车来清理道路障碍的游戏，等等。

再举个例子，孩子很容易早上赖床不起，即使起来也很难从熟睡的状态过渡到理性状态，他会躺在床上告诉你："今天我不想去幼儿园。"

我们的学员妈妈分享了她与孩子的游戏体验，她会选择在孩子醒来时钻进孩子的被窝，然后亲亲孩子的小脸，说："哦，小脸已经醒了。"再接下来"哦，脖子已经醒了""小胳膊已经醒了""啊，小手也醒了"，孩子就这样被妈妈温柔地唤醒了。

如果你希望减少孩子的"起床气"，也可以像这位妈妈一样提前和孩子联结，让他拥有好的情绪，哪怕只是抚摸和拥抱，也会让他感到放松和舒适。当好的感受发生时，好的行为自然更容易产生。

游戏是创造性的方式，你可以想出很多有创意的方式，无论你想出怎样绝妙的点子，相信你都是从理解孩子需求的角度出发的。轻松、有趣的方式不仅让孩子感受到被理解，也让他感受到联结和爱。

善用非语言的方式

一个理解和控制能力都有限的孩子，需要成人善意的提醒，而不是责备他们为什么做不好。用非语言的方式与他们沟通，既新鲜有趣，又可以避免直接对抗的发生，非常值得尝试。接下来我们来谈谈这两种方式。

• 文字

试想一下，两个正在玩耍的孩子收到了妈妈扔来的纸飞机，打开一看，上面写着"玩完了，记得收拾好玩具——爱你们的妈妈"。如果你就是这个收到纸飞机的孩子，想想你此刻的心情吧，纸飞机便条不知要比唠叨和责备好上多少倍。

我儿子小米上幼儿园时，我想要提醒他喝牛奶，于是在一张纸条上面写道"快来喝我吧，我都等不及了——你的牛奶"，然后用玩具小汽车把纸条运给他。小米收到后先是问我："这是什么？"我说："你的快递。"小米非常开心，因为一直都是我和他爸爸在收快递。他兴奋地拿起小汽车里的纸条，看了之后却对我说："妈妈，我不认字！"我哭笑不得，问他想怎么办，他说："我撕了？"小米不按套路的回答让我大笑不已，我继续问他："你想爸爸读给你，还是妈妈读给你听？"他说："妈妈，你读吧。"当我读完纸条上的话以后，他二话没说就跑过去把牛奶喝掉了。

我想，即使他真的把那张纸条撕了，我没能成功地让他喝掉牛奶，又怎样呢？他已经感受到了我的信任和尊重，这张纸条已经完成了它的使命——作为我和我儿子之间保持亲密关系的桥梁，这就够了。

· 画画

很多孩子都喜欢画画，这是他们表达情绪和语言的一种独特方式。所以，在与孩子的沟通中，画画是一种特别的存在。

一位爸爸给不爱收玩具的孩子画了一幅画，上面画着一辆小汽车，小汽车流着眼泪说："我要回家。"孩子看到画以后，赶紧跑过去把所有地上的小汽车都收回了玩具架上。

家有不爱刷牙的孩子，妈妈画给孩子的画：一排排牙齿中，一条小虫子探出头来，说："千万不要把我赶走哦！"当处于自我意识高速发展阶段的孩子看到这句话时，我不说，你也会猜到结果。

说了这么多,你有没有少一丝焦虑?一位一岁孩子的妈妈对我说,她现在竟然很期盼孩子"叛逆期"的到来,因为她知道那是孩子在成长。

成长的过程充满挑战,然而成长本身是令人兴奋的。当我们能更加了解孩子,并且有更多的视角来面对他们的成长时,那些小家伙的"独立宣言"是不是也变得更加可爱呢?当然,这一切都会过去,接下来,我们还会面临其他的机会和挑战,因为你的孩子不会停止长大。

第 7 章
有些令人头疼的行为
是在告诉你"请看见我"

"孩子根本不听我的话,他只听他妈妈的。"

"我家孩子根本听不进去我说话,我说一百遍他都不会动一下。"

虽然以上情况的原因有很多,但有一点可以肯定的是,孩子和你之间的情感联结是断开的。没有人愿意听与自己关系不好的人的话,如果在孩子表现良好或者有所改变的时候,你却视而不见,而在他令你感到不满意的时候,你才去管教他,那么很少有孩子能听话。如果在你们之间有一根情感的纽带,那么孩子可能就会敞开心扉,接受你的建议和指引。在此之前,父母最需要做的是看清孩子的真实需求,而非仅仅看到他们表面的行为。

说"不"、哭闹、发脾气、打人、哼哼唧唧的行为,还可能与孩子寻求关注、渴望情感联结的需求有关。

阿德勒曾指出,关注是人的基本需要,它可以使人感受自身的重要性，并获得归属感。6岁以前的孩子还没办法用语言充分地交流，也缺乏成熟的情绪调节和自我控制能力，所以当他们得不到应有的关注时，就会用情绪和行为直接表现出来。表面看来孩子突然变得矫情、不可理喻，实际上他是在向你发出需要关注的信号。那么，该怎样理解孩子寻求关注的行为呢？

孩子天生渴望与人产生联结

孩子天生渴望与人产生联结，特别是与父母，一方面，因为情感的联系，另一方面，因为你是他们的"衣食父母"，离开你，他们是无法生存下去的。孩子就像渴望水和食物一样，渴望被父母看见，与父母建立联结。

我们在情绪的部分提到过这样一类现象。当你下班回到家里，照顾孩子一整天的老人可能会对你说："你看，你没回来什么都好，你一回来孩子就变娇气了，牙也不会刷了，脸也不会洗了。你不在家时他自己吃饭挺好的，见到你就非让你喂不可。"发生这种情况的原因可能是孩子在向你释放积聚了一天的分离焦虑，同时，他也在渴望与你联结，他在向你表达："妈妈，你要看见我。"特别是3岁以前的孩子，这种情况更是明显。我们之前谈到过，孩子在3岁以前需要建立自己的心理构架，他还不能理解"妈妈离开了还会回来"，对于他而言，妈妈离开，联结就断开了，所以，妈妈回来时他本能地需要与妈妈重新建立联结。这个时候，妈妈就需要知道，自己要解决的不是"撒娇"的问题，也不是刷牙、洗脸等独立的问题，而是关注和联结的问题。

此外，二胎家庭也常出现孩子本能地寻求关注的现象。我常听到很多二胎父母说："两个孩子之间总是互相争抢——抢吃的，抢玩具，抢妈妈，抢着要待在妈妈的左边，抢着必须先讲自己选的睡前故事。"

而事实上，即使妈妈平分了东西和时间，他们依然会争抢不断，因为在争抢的行为背后是他们更深层次的需求，即渴望父母的关注。

对于多子女的家庭来说，父母的时间和精力无疑是孩子最赖以生存的宝贵资源，人类为了生存繁衍，本能地会希望获得更多的关注。如果父母仅仅把关注点放在如何平分上，或者在平分的过程中，像裁判一样理性地评价、斥责某一个孩子，那么孩子不但没能得到需要的关注，反而还会加重情绪。类似的情况，比如二宝出生以后，大宝会表现得像小婴儿一样，黏着妈妈，任性哭闹，这都是孩子在释放"妈妈，你要看见我"的信号。

要知道，无论你做得多完美，孩子都有可能向你释放这些信号，因为人类与生俱来就希望被人看到、听到、感受到，而孩子是在关系中发展自我、不断成长的。

关注像镜子，帮助孩子感知自我

你照过镜子吧？如果你对镜子中的自己很满意，你就会产生良好的自我感觉，对自己充满信心。身为父母，你就是孩子的这面镜子，孩子通过你的反应看到自己的样子，心理学家科胡特将其称为"镜映"。每个人都有这样的需要，尤其是孩子。心理学家科胡特用"镜映需要"来代表孩子的这种需要，而他所提到的"注视"，并不是指简单地用眼睛看见，而是指用认可及欣赏的眼光来看、听和感受孩子。

在自体心理学中，科特强调：（孩子）需要感到被承认、被接受、被认可、有价值，尤其当他向"重要他人"展示自身某些重要方面的时候。每个孩子都需要被"镜映"的感觉——被喜悦的双亲愉快且赞许地注视着，这种注视被视为"母亲眼里的光芒"。

发展心理学也同样强调父母对孩子反应的重要性，认为6岁以前的幼儿是不具备自我评价的标准的，他们只能依靠成人的反应来评价自己的好坏。《伯克毕生发展心理学》中写道："幼儿处于形成好坏标准的阶段，他们要靠成人的反应来了解什么情况下应该感到骄傲、羞愧和内疚。指责批评的评价会使孩子过度体验自我意识的情绪，以致他们在成功时更骄傲，失败时更羞愧。"

无论上述哪种观点，都强调孩子是通过父母的反应来感知自我的，最终，孩子会将它内化成对自我的感知。这不仅仅是孩子自尊、自信的基础，也是孩子发展自我控制能力的前提——一个人只有意识到自己是一个独立的、有能力的个体，才能发展出控制自己的能力。

如果孩子在幼儿时期无法从父母身上获得镜映，或者得到的是消极、令他羞愧、让他觉得自己不够好的镜映，那么这种缺乏关注或者承受过多消极关注的感觉会导致他在成年后要么过度需要别人的关注，要么过度自恋或自卑。

孩子的问题行为可能是向你寻求关注的信号

有时候，孩子貌似令你感到头疼的行为可能预示着你给他的正向关注过少了。《儿童纪律教育》一书中提到，当有人愿意听你说话，或对你所做的事感兴趣时，你会觉得很开心，孩子也是如此。问题是，你很可能无意中教会了孩子通过发脾气和做坏事来得到他们渴望的关注。

因为孩子对关注的愿望是那么强烈，他们宁愿受到别人的责备也不愿意被忽视，所以，如果孩子表现良好时不会被关注，只有出了问题时才会被关注，那么孩子就不知道怎样用积极的方式来获得关注，他们便会采取消极的方式，用情绪和行为释放出渴望被关注的信号。

那么，哪些信号意味着孩子希望获得你更多的关注呢？

孩子的"求关注"信号

·无缘无故地发脾气

一位妈妈向我咨询，她的女儿5岁多，最近特别爱撒娇，经常发脾气。

"之前每天晚上我都会让她自己选择第二天要穿的衣服，昨天晚上选了20多分钟，结果哪件她都不满意。最后还生气地问我'为什么总让我自己选衣服？'我说'那我来选吧'，她又说'凭什么你帮我选？'"

这位妈妈很困惑，孩子之前一直是自己全职带，和自己关系挺好的，也很好沟通，现在为什么变成这样？

我问妈妈："最近发生了什么和以前不一样的事情吗？"

原来，这位妈妈刚开了一间舞蹈工作室，所以最近都是姥姥去幼儿园接孩子，而她自己即使在家里也是手机不离手，每天都在忙装修和招生的事情，和孩子沟通变少了。

事实上，孩子并不是故意找事，而是感到与妈妈之间的联结断裂了，她不理解发生了怎样的事情使原来与她联结紧密的妈妈突然像变了一个人，开始忽视自己的存在，她以矫情的方式表达着"妈妈你要看见我"。

• 刻板地期望获得某样东西

0~6岁的孩子会本能地期望从妈妈或是其他"重要他人"身上获得安全和满足。如果父母对孩子的情感需求是忽视或消极的，那么孩子必然会通过另外的东西填补这一空白，比如通过物质——过度地渴望拥有玩具、零食，长大以后可能过度追求名牌衣物。童年缺少情感联结的人，很可能在成年以后通过某样物品来进行弥补或获得满足感。比如心情不好的时候，会给自己找个借口去购物，或是通过囤积物品来获得满足感。有些人遇到喜欢的东西会买两件，因为担心万一其中的一件坏掉就没有了。总而言之，物品替代了安全感以及对自我的满足和认同。

  一位妈妈向我咨询："孩子看到熟悉的东西都想要，比如看到路上的洒水车就要求买洒水车玩具。他每天不停地重复跟我说要买这买那，甚至会哭着求我买。我很纠结要不要满足孩子，家里已经有很多玩具了，而且按照以往的经验，满足了他后，第二天他就要其他玩具了。"

要求买玩具是很正常的事，但如果孩子把大量的能量花在怎样满足自己对某样物品的需要上时，妈妈就需要思考孩子与自己的情感联结是否出了问题，思考自己是否给予了孩子足够的积极关注。如果孩子在情感上获得了满足，他们是不会过度渴望某样东西的。

- 发生一些行为问题

  渴望关注是孩子的一种需要。

  有时候，父母由于太忙或者心不在焉，对孩子视而不见，孩子就会采取消极的方式把自己的需要表达出来，因为他发现"只有这样做，爸爸妈妈才能注意到我"，所以他会做出一些调皮捣蛋的行为，比如在家里打弟弟妹妹、和父母对着干、刻意破坏玩具、在幼儿园里刻意违反规则等。这些行为都有可能是孩子通过尚不成熟的方式和你沟通的信号。

一位妈妈向我咨询，她19个月大的孩子总是没完没了地哭，整天哼哼唧唧。每次妈妈给孩子换尿布，或者抱着他离开电视机，他都会大声尖叫。他总是让妈妈抱着他，被抱着的时候会扯妈妈的头发，或者对着妈妈的耳朵大声尖叫。当妈妈让他收拾玩具时，他会把玩具箱里的其他玩具都倒出来；当他想尿尿时，会把尿不湿扯下来，尿到地上，再用手把尿弄得到处都是。与孩子相处的每分每秒都让妈妈感到筋疲力尽。

我建议这位妈妈忽略孩子的行为，先思考孩子要的是什么。之后，妈妈开始反思她与孩子的相处模式，虽然她每天都是自己带孩子，但与孩子发生情感互动的机会很少，而且平时对待孩子也比较严厉，要求比较高。19个月大的孩子正在发展自我意识，有很强的独立意识，所以，妈妈需要做出相应的调整。

当然，我们不可能时时刻刻关注孩子。在联结断裂时，重建联结就好。但如果父母长期忽视孩子的情感，就会造成更严重的影响。

我认识一个孩子，爸妈工作忙，从小他就在外婆或者奶奶家住。后来孩子大些了，父母把他接回家还请了一位阿姨带他。在幼儿园阶段，他的父母就经常接到老师的电话，说孩子打了谁、咬了谁，还拒绝参加集体活动。进了小学后更是这样，孩子父母三天两头要往学校跑，去处理孩子的纪律问题。他的父母无法相信，孩子之所以有这些"问题行为"，正是因为他渴望获得关注。

事实上，每一个"问题"孩子的背后，都有一颗渴望被关注的心灵。温尼科特曾说过："孩子的反社会行为是养育失败的结果，孩子用反社会行为呼唤关注。"每次看《放牛班的春天》那部电影，我都忍不住为之动容，电影的主角是一群彻彻底底的问题孩子，他们抽烟、欺负老师、搞恶作剧，而这些行为在一位叫马修的老师出现后变得不同，马修用接纳、包容和信任让孩子感受到存在，用音乐让孩子感受到自己的价值。于是，这些曾经的问题孩子摇身一变，变成了懂得爱和感恩的人。这种改变来之不易，而它正是来源于最为简单和本能的东西——爱和关注。

每当我听到老师们和我谈起某个孩子的问题行为时，我通常只告诉老师们一句话："要让孩子能在没有做出问题行为时感受到爱和关注。"

我也得到了一些老师的反馈，他们的反馈令我感动。

因为一次乡村幼儿教师的培训，我结识了一位幼师。这位老师告诉我，她的幼儿园里有很多留守儿童，其中一个孩子总是在班里打别的小朋友，发脾气时还会用头撞墙。老师说："有一次，这个孩子不知道因为什么走到我身边，什么也没说,就是一直站在旁边看着我做事情,那种眼神特别惹人怜爱。我当时也没多想,下意识地伸手抱了一下他,他被我抱了后就跑开了。我能感觉到他是开心的,整个下午,他都和我们一起做活动,特别配合。从那以后,我就经常抱他、请他帮忙、鼓励他。现在这个孩子变得和以前完全不一样了,他不再打小朋友,而是和小朋友们友好相处,还经常主动帮我做事情。我非常庆幸自己当时那个无意识的拥抱,它是如此有力量。"

这位老师就像一面镜子,让孩子照到了温暖、可爱、有价值的自己。孩子天生具有与人合作和亲近的意愿,当他们感受到自己被珍视、有价值时,就会自然地流露出这些意愿。

过度关注是一种负面关注

我们父母的那一代人,常常没有时间,也没有精力给每个孩子关注。我们这一代,更重视孩子的心理健康,也更愿意花时间关注孩子,但这种关注一不留神也会变成过度关注。

过度关注是一种负面关注,这种关注有些是溺爱,有些则是干扰。

有时,父母总是担心孩子会受到伤害,他们想用保护的方式来杜绝孩子受到一切伤害。

一次，我去一个早教班考察，发现有些孩子在上课中一直处于"游离"状态，他们都有一个共同的特点：身后总有一个在不停忙里忙外的家长。当孩子上滑梯时，他们会马上起身用手扶着孩子；当孩子想尝试倒着滑下来时，他们提醒孩子"滑梯是正着玩的"。

有些家长还会在上课时用成人思维不断干扰孩子。在一节消防员救火的角色演练游戏中，孩子们要装扮成消防员把小动物救出来，还要把小动物们抱到一个塑料池子中。一个孩子觉得小动物比救火更吸引人，于是他跑到塑料池子中玩起了小动物，他的妈妈见状把孩子抱了出来。此时，孩子手里拿着一个小动物，他希望带着小动物去"救火"，而妈妈非要把小动物从孩子手里抢过来，告诉孩子："你是要去救小动物的，不是把它再扔回火里去！"于是，这个孩子开始无助地哭闹起来。

生活中，类似场景也比比皆是，比如家长怕坡路会让孩子摔跤，就一直抱着孩子过去；怕孩子被别的小朋友抢走玩具，就把手横在孩子前边，不让别的小朋友靠近。被过度关注的孩子要么对所有事情都会失去兴趣，要么在做事情时无法专注，没有办法安静下来，因为他内在的秩序和规律一再被干扰，行为也就因此"混乱"了。

孩子的确需要我们的关注，但他们需要的是情感上恰到好处的关注，过多的关注则是一种控制，因为这种关注让孩子感觉到的不是情感上的满足，而是情感上的剥夺——他们被剥夺了感受的能力、思考的能力、行动的能力，甚至被剥夺了成为一个独立个体的能力。

如何给予孩子积极关注

通过前面的部分，你可能已经了解到，孩子需要父母的关注，这份关注不仅仅是简单地被看见，还包括被真诚地欣赏、认可和容纳。那么，哪些方法可以帮助你满足孩子寻求关注的需求呢？

无条件积极关注

你一定听说过"无条件的爱"这个说法。作为父母，如果我们心情好，孩子的表现也不错时，我们的爱就是无条件的；但当我们心情不好，或者孩子出现问题行为时，我们的爱往往就变得有条件，我们会斥责、冷落、惩罚孩子，让他们感觉到只有自己表现好时才有被爱的资格。你肯定很清楚，这不是最好的方式，因为孩子无论表现得怎样，他们都应该获得爱。

如果我们总是给孩子这样的感觉——表现不好就得不到爱，那么，在他长大成人以后，就很容易害怕失去爱。他要么变得很作，不断试图控制某一种关系，要么变得很不自信，没有安全感，失恋后整个人都会崩溃。他还可能会认为自己不配拥有爱，即使自己很优秀，但是他仍然不能接纳自己，认为自己不够好，不配拥有好的生活。

父母是孩子最信任的人，他会用你看待他的眼光来看待自己。

不评判孩子的行为正确与否

人本主义心理学的代表人物罗杰斯认为,一个人要形成健康人格,最基本的前提是他在婴幼儿时期能够得到无条件的积极关注。罗杰斯列举了一个哥哥打弟弟的例子。哥哥可能因为想博得妈妈更多的关注和爱而打弟弟,那么妈妈需要让哥哥感受到:"我理解你打弟弟所感到的满足。我爱你,能接受你有这种情感,但是我也有自己的情感。当看到你弟弟受到伤害时,我感到十分痛苦……因此,我希望你不要打他,因为你和我的情感都是很重要的。"

罗杰斯认为,应把下面这句话的意思转达给这个儿童:"我深深地爱你,但是你的所作所为是令人不安的,所以假如你不这样做的话,我们双方都会感到更加愉快。"

孩子应当永远得到父母的爱,即使有时他的某些行为并不得当——这种爱应是无条件的。

对于前面提到的那位有各种"问题"行为的19个月大的孩子,我告诉他的妈妈要淡化对孩子消极行为的关注,将其转为无条件的积极关注。

这位妈妈开始调整的第一步是给予孩子更多积极的关注。她不会等孩子哭闹了再把他抱起来,而是会利用一些闲散的时间与孩子建立联结,比如趁着擦桌子的空当,拥抱一下孩子;她对孩子的态度更加温和,如果孩子尿到了地上,她不会大声批评,而是引导他拿着拖布把尿擦干净。给予了更多的关注以后,妈妈开始试着满足孩子独立自主的需要。她改变了以前命令式的做法，给予他更多的选择，比如先问孩子："你想要穿哪件衣服？"；她提醒自己要尊重孩子的自主性，比如在换尿不湿时问孩子："你想自己把尿不湿脱下来吗？"；换好尿不湿后，她会鼓励孩子自己扔到垃圾桶里。

同时，妈妈想出了很多可以和孩子一起玩的游戏，比如大喊大叫的游戏——他们一起对着盆喊叫、一起在被窝里喊叫。经过一个多月的调整，孩子以前的不良行为慢慢消失了，虽然不得当的行为还时有发生，但妈妈不会再针对孩子不得当的行为，而是和他强调如何改进。他们之间有了更好的关系，孩子也变得比以前更乐于合作，即使被妈妈阻止，他哭一会儿就会停下来了。

下面的场景（孩子很生气，把玩具扔在地上发脾气）能够帮助你更好地理解和扩展这个方法：

反例

妈妈："别扔了，不可以扔东西！"
孩子：（哭。）
妈妈："谁让你扔东西的？还乱发脾气！你这样对吗？"
妈妈（把玩具捡起来，轻轻地抚摸了几下）："玩具是用来玩的，不是用来扔的。"

正例

孩子：（想抢过来继续扔。）

妈妈（把玩具放在了别处，坐下来抱着孩子）："你很生气，对吗？我看到你肚子里的火球爆炸了。"

孩子：（哭了起来。）

妈妈：（抱着孩子。）

孩子：（慢慢平静下来。）

妈妈："刚刚你很生气，所以你扔了玩具。"

孩子："我搭的积木倒了。"

妈妈："哦，是这样，你认真地搭了很久。"

孩子："嗯。"

妈妈："那下次再遇到这样的事情，还可以怎么做呢？比如把你特别生气的感觉画出来，或者去看一会儿书，等心情好了再继续搭？"

孩子："把生气画出来。"

无论孩子的行为正确与否，你都需要接纳孩子的感受，在他平静下来以后对他予以进一步的支持，帮助他提升自我控制的技能。

接纳孩子本来的样子

有父母提到自己的孩子性格偏内向,幼儿园老师问的问题他都会,但就是不爱举手回答,不爱站出来表现自己。还有父母说自己的孩子特别爱表现,如果老师不叫他回答问题,就会着急,甚至生气。

父母们都有着各自的担心,个性活泼的孩子常被期望能安静一些,个性安静的孩子又常被期望能活泼一些。事实上,孩子们拥有着不同的个性,而这些个性是由先天气质和后天环境两方面决定的。

很多父母也明白这个道理,但一遇到实际情况,他们首先想到的不是自己的孩子有先天的气质类型,而是先想:"他为什么会这样?"他们想到的不是孩子特质的优点,而是自己不能接受的缺点。

这让爱和接纳变得有条件。即使你不当着孩子的面说出"胆小""调皮"这些词,从你的态度、眼神、语气、语调甚至潜意识中,孩子也会感受得到。你这面"镜子"让孩子照到的不是他本来的、感觉良好的样子,而是你期望的或你不认同的样子,这会让孩子觉得不安、羞愧。

其实,内向和外向孩子之间最主要的差别在于获取、消耗和保存能量的方式不同。

内向孩子困了、累了、饿了、有压力了,会告诉你"妈妈我要回家",或者干脆走开,一个人待着,因为他需要依靠独处的方式来充电。如果此刻妈妈允许孩子独处一下，或者在孩子还没有出现太多压力的时候帮助他调节，那么孩子的能量就会恢复过来。

那么外向的孩子呢？当需要充电的时候，他们会跑到一群人中间，从所有人身上吸取能量。所以你会看到外向的孩子总有使不完的劲儿。

他们长大上学以后，可能一个是喜欢先回家休息一下，另一个会扔下书包跑出去玩一会儿，他们只是恢复能量的方式不同而已。

但是，内向有什么不好吗？内向的孩子拥有外向孩子所不具备的优势，那就是专注、持久、深刻、沉稳，他们喜欢观察和思考，不那么喜欢冲动、冒险，这是他们的长处。我们不能既希望他保留这些长处，又希望他们变得像外向孩子那样活泼好动、善于冒险、爱表现。如果是这样的话，我们未免太贪心了。

所以，无条件积极关注也意味着要接纳孩子本来的样子，无论他的性格是内向还是外向。

一位妈妈向我咨询："孩子每次去上早教课时都很被动，比如老师让小朋友过来拿东西，他总是等其他小朋友都拿完了，最后一个过去。"这位妈妈对此感到很恼火，有几次对孩子很严厉，告诉他快点儿去拿，孩子被吓哭了好几次。

我问这位妈妈："你最担心的是什么？"她说："我担心孩子过于胆小，没有闯劲儿，长大以后会在社会上吃不开。"

我又问:"也就是说,你希望孩子胆子大一些。如果你是一面镜子,孩子从你的反应里照到自己的样子,你觉得他照到的自己是什么样子的?"这位妈妈没有吭声。

我又问她:"如果一个人每次照到镜子时自己都是这个样子的,他会怎么看待自己呢?接下来他又会有怎样的表现呢?"妈妈若有所思地对我说:"我让他对自己有了更不好的感受,这也许就是他更加小心翼翼的原因。"

"也许是的,好在你意识到了,改变随时来得及。你的孩子有很多优势,他可能善于观察、思考、分析。如果平时在家里你允许他做自己,可以安全地释放自己的感受、表达自己的想法,允许他和你说'不',那么就不用担心他会退缩和胆小。只要孩子在参与活动,第几个去拿东西并不重要,他也许只是在做他自己。"

在孩子有情绪之前先行联结

很多时候,孩子开始哼唧或哭闹,很可能是期望立刻获得我们关注的信号。如果我们能在情绪没有升级前关注到他们,他们的情绪就会好很多。所以,不要等孩子哭闹了再去理他,试着与孩子先行联结。

首先,拥抱是最为简单便捷的联结方式。

对于之前所提的"你没回来什么都好,你一回来就矫情"的例子,在孩子还没"矫情"前,尽量先和他联结,哪怕是一个拥抱。你回到家，可以先拥抱一下孩子，或者抱着孩子转一圈，让他哈哈大笑，问问孩子要不要陪你一起去洗手等，这些都是联结。有时候，你如果联结得不够及时，孩子可能就会开始"矫情"。

> 一位二胎妈妈的困惑是，她下班回家以后，大宝总是和她发脾气。二宝还不到2岁，自然会黏上来要妈妈陪，这时大宝就会很生气。

很多上班族的妈妈在刚下班的短时间里的确不好搞定两个孩子的依赖，这时你可以先把一件小事情做好，这样就可以起到事半功倍的效果，那就是一进门先拥抱大宝。拥抱可以释放催产素，这可以帮大宝降低一天见不到妈妈的不安，迅速和他联结上。然后你可以拉着大宝的手对他说："来，我们一起去看看你弟弟。"当看到二宝后，你们可以一起拥抱二宝。因为这时大宝已经获得了情感上的满足，即使之后你多陪二宝一会儿，他也不会发脾气了。当然，你也可以同时把两个孩子抱在怀里，拥抱仪式又简单又省时，却可以高效地帮助你和孩子们实现联结。

其次，利用一些零散的时间主动与孩子联结。

除了刚进门的时间，平时你还有很多零散的时间可以利用起来。比如，对于有两个孩子的父母来说，当某个孩子独自玩耍时，如果另一个孩子恰巧不需要陪伴，那么你可以选择其中一个最近需求程度比较高的孩子，坐在他旁边，即使什么也不做，孩子也会很喜欢这种陪伴；你也可以在照顾一个孩子之前，利用零散的时间与另一个孩子先玩一会儿；如果没有足够的时间陪玩，就拥抱或者爱抚一下孩子。这些简单、主动的联结可以让父母离开这个孩子去陪伴另一个孩子时变得更加顺畅。

来自一位学员妈妈的分享：

我家有对兄妹，哥哥6岁，妹妹2岁。作为一个有全职工作的二胎妈妈，我的时间都碎成"渣"，只能充分利用这些碎片化的时间，尽可能让两个孩子都得到更好的陪伴。

今年大儿子上幼儿园了，每天中午不在家，这段时光便是我和小女儿的独处时光。我会陪女儿吃饭，在饭桌上听她讲个不停，陪她玩游戏，陪她坐在阳台晒太阳、看花、观察蚂蚁，窝在图书角看书、涂鸦……陪二宝的时间都是大宝不在时的闲散时间，虽然见缝插针，时间少得可怜，但是我们都很享受这样的亲子时光。

我发现小女儿因为这样的陪伴和我的关系特别好，我说的话她也特别容易接受。当我说要去帮她哥哥做这做那时，她都会很乖地跟我说："好的妈妈，去陪哥哥吧。"

只要孩子关注的需求获得了满足，他就会变得更加通情达理，更乐于照顾其他人的感受和需要。

另外，联结意味着要和孩子同频。

有一次，朋友带孩子来我家做客。朋友孩子的年龄和我儿子一样大，两个人玩得很开心。到了晚饭时间，孩子们仍然在玩乐高，朋友过去叫孩子们吃饭，两个孩子的耳朵就像关上了一样，没有任何反应。朋友说："专家，你上。"我走过去，看见他们正在专注地玩积木，于是我和他们聊了会儿他们搭的乐高，然后对他们说："吃完饭再继续玩，好吗？现在你们想一个一个去洗手，还是两人一起去？"两个孩子听罢马上你争我抢地跑去洗手了。

联结无处不在，在生活中有太多的机会，你无须刻意去安排，因为对孩子感受的接纳、一句共情的话语、一个鼓励的眼神、一个关怀的动作都可以是联结。

下面的场景（孩子不想去幼儿园）能够帮助你更好地理解和扩展这个方法：

反例

妈妈："不行啊，快点儿吧，都到时间了，一会儿就迟到了！"（妈妈拉起孩子准备走出去。）

孩子："我不去！"（用脚开始踢妈妈。）

妈妈："你这孩子怎么这么不听话！不许踢了，你把妈妈都踢疼了！"

> **正例**
>
> 妈妈:"哦,来妈妈抱抱,看看我儿子是怎么了。"
>
> 孩子:(用脚开始踢妈妈。)
>
> 妈妈:"唉?是谁在踢我,快让我看看是谁?"(一边夸张地说着,一边开始张开手要去抓孩子的腿。)
>
> 孩子:(继续踢妈妈。)
>
> 妈妈(夸张地去抓腿):"我要看看是谁?哦,是你呀,别让我抓到你。"(一边说,一边抓起孩子的腿就开始咬。)
>
> 孩子:(咯咯咯地笑起来。)
>
> 妈妈:(继续抓孩子的腿。)
>
> 孩子:(笑了一会儿,拿起书包准备去幼儿园了。)

孩子突如其来的情绪有时候会让人难以接受,而孩子是活在当下的——他活在当下的情绪和能力之中,他所有的情绪并不是针对你,而有可能是渴望获得联结的信号。

运用"地板时光"

你是否有过这样的经历?晚上回到家,陪孩子玩得很开心,你和孩子彼此都很投入。你发现接下来的时间里,无论刷牙还是洗脸，孩子都非常配合。

这是因为你们在玩耍的过程中产生了令人愉悦的激素，这些激素也被认为是爱的、信任的激素，这是你们彼此合作的前提，也说明这段时间你的陪伴是高质量的。

一位妈妈向我咨询："我儿子3岁，他总是黏着我，让我陪他玩，甚至有的时候都不让我做家务。我经常陪他做游戏、看书，但怎样才能让他掌握好自己玩的时间，至少给我做家务的时间呢？"

我向这位妈妈了解她陪孩子时的状态，事实上，她虽然人在陪伴孩子，但总是心不在焉的，甚至觉得孩子与自己过于黏腻，总想甩掉孩子去做自己的事情，这让孩子总觉得没能和妈妈发生真正的联结，自然就会有更多的渴望，希望妈妈多陪伴自己。另外，这位妈妈的情绪也不是特别稳定，家庭关系也不是很和谐，所以，她才要更注重与孩子的陪伴和情感联结，因为这会让孩子与妈妈重建关系，并且会降低孩子的焦虑，慢慢地，孩子黏人的情况就会好转了。

我们每天都陪伴孩子，但即使你是全职妈妈，也并不能代表你的陪伴一定就是高质量的。高质量的陪伴不需要太多，却是必不可少的，如"地板时光"就是高质量陪伴孩子的方法之一。

"地板时光"这个词最早来源于斯坦利·格林斯潘关于孤

独症谱系障碍儿童的治疗方法（DIR 模式），"地板时光"是这一方法的基本策略及核心。DIR 模式强调发展、个体差异和人际关系，它帮助无数孤独症谱系障碍的儿童和其父母重新建立紧密的关系，并塑造了积极的沟通方式。对于健康的儿童来说，这种情感联结的方式也非常重要，在实际应用中，它还有一些其他的名字，如"亲子时光""专门时间"等。

运用"地板时光"时，我们需要遵循一些原则：

·以联结为目的

"地板时光"的场所不局限在"地板"上，而是以促进关注和亲密关系为目的，和孩子"在一起"。这也意味着这个时间段不是为了教授技能，而是为了情感的联结。所以像学拼音、读闪卡、读唐诗等的学习互动，都不是高质量的陪伴，对于 0~6 岁的婴幼儿来说，游戏是最合适不过的方式。

· 抽出一段不受外界干扰的专属时间，全身心地陪伴孩子

你可以在日历里提前预留出这个时间段（20~30 分钟），保证这段时间自己不会受到干扰。可以关掉手机，暂时把家务搁置一下，全身心地融入与孩子的互动里。时间最好固定下来，比如在每天的哪个时间段，如果不能保证每天，就每两天、每三天甚至每周，稳定会给孩子带来专属和安全的感觉。

· 留意自己的情感，保持耐心和轻松的心情

不要选择在自己过于疲惫的时候陪孩子玩，尽量选择在自己愉悦和放松的时候。如果你自己心情不好，那么先给自己放个假。

· 遵循孩子的带领及互动

你可以把这个时间用孩子的名字来命名，比如"乐乐时间"。如果你有两个孩子，那么他们就应该有分属于自己的"地板时光"，分别用他们自己的名字来命名。

在这段时间里由孩子来做主玩什么、怎么玩，你要配合他们。平时孩子大多数时间都在听从我们的安排。所以在这个时间段，你听他们的就好，唯一的规则是不要破坏物品和伤害他人。

比如你的孩子说要玩积木、搭个房子，你不要说"咱们搭城堡吧，都搭了好久的房子了"，而是要说："好啊，你想搭什么样的

房子呢？我来做你的助理。"

如果是二胎家庭，你还要保证和每个孩子一对一地互动，有分别属于他们的"地板时光"，满足他们寻求关注的需要。

一位妈妈和我分享了她运用"地板时光"之后的改变：

> 我家里有26个月大的双胞胎女宝宝，我特别理解老师说的，父母和每一个孩子单独的联结决定了孩子之间的友爱程度。妹妹精力旺盛，经常是姐姐两个半小时的午觉都睡醒了，妹妹还没睡。今天，我索性把这个时间段作为我和妹妹单独相处的高质量时光。平时，妹妹单独和我相处的时候，就特别开心，我们有很多专属的游戏。今天虽然很冷，但是阳光正好，我就跟妹妹玩了捉影子的游戏，妹妹的笑点也比平时更低。我们路过母婴店，在门口玩了一会儿弹珠游戏。妹妹特别乖，玻璃球用尽了，就自己头也不回地走开了。最近她经常哭闹，我很惊讶于她今天会如此配合。最后，我们去超市买酸奶，回来也是妹妹拎了一路，拎不动了自己倒手，缓一缓继续拎，不哭不闹，也不让妈妈抱。回到家里，姐姐刚好也醒了，我又高质量地陪姐姐玩了会儿。以往谁坐在妈妈左边或右边都要吵半天，而今天一整天，姐妹俩的关系都特别好，也特别配合。

实际上，孩子需要的不是父母完全的公平，而是被关注、被看见，能拥有父母独特的爱。当你主动满足他们需求的时候，他们就不需要通过撒娇、逆反、争吵、嫉妒来唤起你的关注。

下面的场景（孩子邀请妈妈玩"医生游戏"）能够帮助你更好地理解和扩展这个方法：

> **反例**
>
> 妈妈："你来当医生吗？"
> 孩子："嗯。"
> 妈妈："你怎么上来就打针啊，医生不是要先给病人看病吗？"
> 孩子：（放下针，拿来听诊器。）
> 妈妈："哈哈，你这是听的哪里？肚子里呀？不要听肚子，来，先听听心脏，看看能不能听到心跳。"

> **正例**
>
> 妈妈："好啊，谁来做医生？"
> 孩子："我做医生。"
> 妈妈："嗯，好。现在我该怎么做？"
> 孩子："你把胳膊伸出来。"
> 妈妈："哦。"（伸出了胳膊。）
> 孩子：（开始给妈妈抽血。）

> 妈妈：（假装很疼，开始哭）"好疼啊……"
> 孩子："马上好了，就疼一下啊。"

在高质量陪伴的时间里，孩子占主导，你要建立的是愉悦与欣赏的氛围。当孩子感受到安全和亲近时，他会逐渐开始放松，更加信任你，从而把更多的想法和情绪都袒露给你。上述例子中的这个孩子在打针游戏中释放了自己的恐惧，作为医生，他在游戏中获得了共情与力量。

每个人都有被关注的需要。对于10岁以前的孩子，家庭是他们的核心，他们渴望被爱，被关注。当你费尽心思却发现找不到好的方式和办法时，别忘了试试关注和联结。当你所尝试的任何沟通方法都失效时，唯有联结可以帮助你们回到正确的轨道上，因为关系在，影响才在。

第 8 章
总不长记性？孩子的能力别忽略

当你给予了孩子安全感和正向的关注，并且尊重了他独立意识的发展时，孩子会表现得比以前更开朗自信、乐于合作，你们之间的关系也会更加紧密。这时，你可能还会有一个困惑："孩子时好时坏、不长记性怎么办？"

很多父母向我诉说了他们的困惑：

"孩子明明知道那么做是错的还要去做，吼他才听，而且同样的错误会重复犯！"

"孩子喜欢咬人、打人，每次跟他说不要这样，当时明白，第二天又犯！"

"孩子 6 岁了，写字的坐姿、握笔的姿势都不好，但不管怎么说，就是改不了！"

"孩子在外面玩沙子的时候，喜欢把沙子铲起来倒到比他小的孩子的头上或身上，我已经软硬兼施地制止他几次了，可下次还是这样！"

"孩子玩玩具不愿意收回玩具箱,每次都说,但效果不好。"

……

事实上,这些问题的发生是因为我们忽略了他们还是小孩子。对他们来说,从"知道"到"做到"并不是一件容易的事,我们还需要关注他们技能发展的需求。

我们的期望往往超出孩子的能力范围

孩子在6岁以前,他们的各项技能都发育得尚不成熟。如果不了解这些,我们就无法做到理解他们,做出符合他们能力的期望。

孩子的认知能力不成熟

一般情况下,成人很容易理解为什么有些行为是不合适的,但对于孩子,即使他们因为我们的制止而暂时停止某个行为,他们仍然不能完全理解这个行为意味着什么。有的父母会困惑,孩子前一秒答应要做到的事情,后一秒就反悔。这也许是因为孩子并没有真正理解你所说的话,或者说他们需要更多的练习来巩固、规范自己的行为。

一位妈妈向我咨询:"早上起床,弟弟站在围栏边上,哥哥待在外面好好的,他突然就过去推了弟弟一下。问他为什么,他回答'不知道'。哥哥经常调皮捣蛋,问他为什么那么做,都是回答'不知道'。"

事实上,孩子有可能的确是不知道,无论是认知还是语言的能力,都导致他们无法解释清楚自己做事的缘由。当然,也有可能他不知道该怎么表达清楚,或者只是想通过"不知道"来减少你对他的责备,无论怎样,我们需要观察、分析和猜测他们的真实想法,而不是仅仅通过他们嘴里说出来的话去判断。比如孩子告诉你"我不爱你了,妈妈""我恨你,爸爸",这并不意味着他真的不爱你或者恨你,这与他们非黑即白的认知特点相关。在他们的认知里,要么是好的,要么就是坏的,要么爱,要么恨。随着他们认知能力的发展,他们会慢慢变得圆融。

孩子的控制能力不成熟

无论是对情绪还是对行为的控制能力,孩子均在发展之中,这与其大脑前额叶皮质部分的发展相关。比如,哥哥知道打弟弟不对,但是出于嫉妒或是其他原因,他还不能平衡和控制好自己的行为。

一位妈妈向我咨询:"孩子很喜欢动别人的东西,我跟他说'不可以',他就说'知道',但转头就不知道了。"

这种说到做不到的情况也多是因为孩子的自控能力尚不成熟,

还需要父母提供符合他们年龄特点的支持与帮助。

孩子会做出太多"不长记性""说话不算话"的事,像说好了看两集动画片,明明答应了,说什么也要看第三集;说好了不买玩具,结果倒地大哭,不满足就哭闹。他们的大脑发育水平决定了他们明明知道应该做什么,却控制不了自己的行为,这和他们不成熟的自控能力有关。

从"知道"到"做到",是最遥远的距离

尽管我们已经是成年人,我们也同样容易像小孩子一样非黑即白地看待一件事情,我们苦口婆心地告诉孩子一件事,就认为他们应该做到。比如认为他们知道刷牙的重要性,到了时间就应该去刷牙;认为他们既然知道应该保持房间的整洁、养成好习惯,就应该做到把玩完的玩具送回玩具箱,等等。如果孩子做不到,就认为他们"不听话",与我们"作对"。

我时常问父母们:"有谁发誓再也不对孩子吼了,接下来就真的做到了?"

能做到的人真是寥寥无几,为什么呢?因为从"知道"到"做到"是世界上超级遥远的距离。并不是我们不想做,而是形成新的行为习惯需要一个过程。比起"能否做到",更重要的是"如何做到"。

孩子也是如此,他们需要试错、重复,之后才能获得一定的

技能。

但我们往往更多关心的是他们"能否做到"的结果，而很少在"如何做到"的层面上为他们提供帮助。你可以试着把每天提醒孩子的话录下来，回放给自己听，看看是否会听到这样一些话：

"该洗漱了。你要是不刷牙，牙齿会长虫子哦。"

"玩具要收起来呀，放在这里太乱了。好吧，你要是不收，我就帮你收，你接下来就别再想玩了。"

"和你说了多少遍了，不可以打弟弟，你怎么就不听呢？"

"不可以打人，你怎么总是不长记性！"

如果你的话是在关心孩子是否做到的结果，那么你就是在向孩子传递这样的信息：**我不管你有什么感受和困难，只要按照我的要求做就好。**

这不免会让孩子觉得挫败和无助，他不会产生学习新的技能的动机。所以，接下来，你需要做出一些调整，把关注点放在如何帮助孩子做到。

动机是提升技能的必要前提

很多情况下，我们认为孩子坚持做一件事情很重要，他们需要坚持刷牙，坚持早睡，坚持练习诸如钢琴、舞蹈等技能。然而，我们忽略了一个事实：比起要孩子做一件事，让孩子愿意做一件事更重要。这就涉及行为的动机。

什么是动机呢？

简妮·爱丽丝·奥姆罗德认为，动机是能够唤醒个体行为，并使之朝向特定方向、维持个体参与特定活动的一种内在心理状态。奥姆罗德强调，动机是一种内在的心理状态。

所以，我们除了关注孩子做了什么，还需要关注他在参与一件事情时的心理状态是怎样的。同时，我们需要了解到，对于坚持做一件事情而言，唤醒、指向和坚持是非常重要的，这恰好是动机的三个核心因素。

一次，我在游泳馆里看到一个很有意思的现象：两位爸爸同时带着孩子游泳。第一位爸爸很着急，因为孩子害怕水，说什么也不肯跟他学。这位爸爸就指着其他孩子说："你看，人家小朋友不都游得好好的，有什么好怕的啊？"第二位爸爸则扑通一声跳进水里，孩子一边欢呼，一边崇拜地对爸爸说："爸爸，你再跳一遍给妈妈看。"接下来，爸爸把套着游泳圈的儿子抱到水里，轻轻地用手把他托离水面，再轻轻地松开，孩子在水里一上一下，非常开心。

你觉得哪个孩子会更愿意尝试游泳呢？毫无疑问，是第二个孩子。孩子先要不怕水、愿意亲近水，才有可能慢慢获得游泳技能。

第二位爸爸的做法很好地阐释了动机的三个核心要素。首先，他"唤醒"了孩子的兴趣，孩子在玩的过程中也许可以扑腾着游起来一点点，因此拥有了一部分技能，这使孩子拥有了更多的乐趣和成就感，进而使孩子更乐于重复游泳这项活动，兴趣有了明显的"指向"。慢慢地，随着他技能的不断提升，他也更愿"坚持"做这件事情，游泳也因此成了他相对稳定的爱好。

想想生活中的事情是否都是如此呢？你想让一个孩子按时刷牙，首先要唤醒他对刷牙的兴趣，至少不要让他觉得刷牙是一件令人讨厌的事情。当孩子发现自己也可以刷牙，而且妈妈和牙医也在赞赏他的牙齿保护得非常好时，他在这个过程中就会慢慢拥有成就感和技能。这些经历反过来促使他更愿意坚持刷牙，他就会在刷牙这件事情上产生内在的动机。

然而，有时我们成人的一些行为恰恰是在破坏孩子的动机，比如急于用成人的方式教授孩子技能。我曾经在一家绘本馆里，看到一位妈妈用手指着绘本上的字，一个一个读给孩子听，孩子明显表示抗拒，因为这位妈妈就像上述第一位教孩子游泳的爸爸一样，仅仅将阅读作为一项技能教给孩子，而忽略了在掌握技能之前，还需要唤醒孩子的兴趣。

的确，孩子有惊人的吸收力，你教给他，他真的就会认识，所以这个孩子理所应当地认识了很多字，遗憾的是，他错失了非常宝贵的东西——对阅读的兴趣和感受的能力。一本好的绘本，除了提供文字，更重要的是，还提供了图片和意境。即使有的故事孩子听不懂，但他们能感受到故事的美感、韵味。如果单纯用手指认字的话，孩子的关注点就不能集中在感受上。这个孩子只不过是先行了一步、多认了些字，早晚有一天，那些还没开始认字或通过别的方式认字的孩子会追上他的认字速度，但那种感受力却无法再印刻进他的精神世界里。

重复是获得技能的必经之路

如果我们要找到提升技能最好的方式，那么非"重复"莫属。

重复能帮助孩子更多地实现动机中的指向功能，让他朝向提升技能的目标努力。你会发现，孩子是乐于重复的。

一个六七个月大的宝宝坐在餐椅上吃饭，突然勺子掉了，他因此有了一个偶然的发现——勺子竟然以这样一种方式掉下去，并且还在那里。他对此充满乐趣，兴奋地让你捡起来，然后他会再扔下去，并且不断重复扔和捡这种单调的动作。慢慢地，到了 18 个月左右，他扔东西的方式开始变得更精细、更有创造性，他会滚着扔、抛着扔，扔各种东西。在这个过程中他把简单的扔和复杂的扔联系起来，把远和近、高和低的空间联系起来，他的"扔"变得更加乐趣化及多元化，他也因此对空间有了更多的探索和认知。

孩子的很多认知学习都是这样一个过程，他们会反复讲一个故事、重复听一段音乐、重复玩一个游戏等。就如勺子掉到地上一样，每一次认知和学习可能都源自一次偶然的发现，然后，他们开始反复体验，慢慢地形成更高级、更有创造性的方式，他们的认知范围和学习能力在这个过程中不断扩大，这也是他们未来学习能力的基础。

重复对大脑的反复刺激，可以使它形成新的神经回路

你看过电影《头脑特工队》吗？小主人公莱莉的大脑里有很多岛：游戏岛、诚实岛、家庭岛……那么，小莱莉的这些岛是怎么

建成的呢？原来每次当小莱莉不喜欢刷牙或者不喜欢做一些事情时，爸爸就会用游戏的方式引导和鼓励她，爸爸的每一次游戏都为小莱莉的游戏岛添砖加瓦，慢慢地，游戏岛建成了。在莱莉12岁那年，爸爸妈妈因为搬家的事情起了争执，电影画面切换到了莱莉大脑中的游戏岛，游戏岛开始工作了，这时莱莉用一种轻松幽默的方式介入爸爸妈妈的冲突当中，爸爸妈妈相视一笑，矛盾因此化解了。莱莉大脑中"岛"的建设过程很好地向我们诠释了重复的重要性。

当然，如果是你，你肯定还希望孩子的大脑里能够有学习岛、自律岛、礼貌岛、社交岛、解决问题岛……实际上，你每一次与孩子的互动模式、重复练习都是在为这些"岛"的建成添砖加瓦。

支持孩子技能发展的方法

我们把教育称为"百年大计"，这话一点都不为过。教育是要花工夫的一件事情，在孩子还没拥有一项成熟的技能之前，请给他们更多的时间和机会来历练，不要一味地抱怨他们不长记性，他们只是需要我们更多的、更适当的等待与帮助。

尊重孩子现有的技能水平

孩子有自己内在的节奏与发育步伐，这需要我们顺应他们的发展规律，放慢脚步，跟随他们的成长过程。在这一点上，我们需要对孩子的成长表现有更多的了解。我拿几个生活中常见的方面来举例：

• 专注力

有妈妈向我咨询："孩子注意力不集中，玩游戏、上课、看书都只能坚持一会儿，然后注意力就转移到其他事情上去了。"

专注力意味着需要将视觉、触觉、听觉等感官都集中在一件事上，这取决于孩子的发育程度。

越小的孩子越是以无意注意为主。无意注意是指没有预定目的也不需要意志监管的注意。所以 2 岁以下的孩子经常漫无目的地东看一下、西瞅一下，这是很正常的，他们的专注完全凭兴趣，而对不同的事物产生兴趣恰恰也是他们日后学习和专注的前提。

孩子越小，专注在一项事情上的时间就越短。2~6 岁孩子的专注力可以维持 5~15 分钟，但这些与年龄相关的专注力时长并不是绝对值，因为专注是很多因素的共同作用，像兴趣、动机、周围环境干扰等，不同的孩子也会有一些差异。一个 6 岁的孩子可能会花 30 分钟的时间去搭他喜欢的积木，但也可能只花三五分钟的时间去拼他不喜欢的拼图。所以，时间长短并不是判断孩子专注力好坏的唯一标准。如果孩子对某项事情产生兴趣，在与其年龄相符的时间段内保持一定的专注，都是没有问题的。

实际上，当孩子投入感兴趣的事情里时，他们远比成人专注。我想你一定见过这样的场景：

孩子蹲下来看觅食的小蚂蚁，好奇蚂蚁会把食物搬去什么地方；孩子洗手时想抓住水柱，却发现根本抓不住；孩子洗澡时对镜子哈气，惊奇地发现竟然可以"画画"……

孩子会专注于很多让他们好奇的事。其实每个不专注的孩子背后都有一个忙活的家长，在很多情况下，是成人在干扰孩子的专注，使孩子的注意变得涣散。

有次，我在早教中心听课，一位奶奶带自己2岁多的孙女来上课。当时，老师用手拍盘子里的橡皮泥，告诉孩子"这叫'拍'"。小女孩走到老师对面盯着看，这时奶奶喊她："嘟嘟，快过来，你看老师在拍，你也过来拍。"这时老师提醒："奶奶，您让她先观察一会儿。"不一会儿，小女孩在老师对面坐下来，用手在地上拍起来，奶奶喊她："嘟嘟，到奶奶这儿来，到盘子里来拍。"老师再次提醒："奶奶，您让她用自己的方式来拍。"

每个人的学习、认知方式不同，这个小女孩恰恰是属于那种先观察再行动的类型。奶奶的两次提醒都是一种干扰，长此以往，会影响孩子的专注力。

北京科技馆里有一个儿童乐园，门口有一个大型的金属球传送装置，装置上有四五个操作口，孩子们可以通过摇、压等方式把小球从一个地方传送到另一个地方。由于高度的互动性和参与性，这里常常会吸引很多孩子排队等着玩。不少家长发现排队和围观的人太多，于是把孩子拉走，嘴里说着："这才刚进门啊，里面还有很多好玩儿的呢！""人太多了，还要排队，先去玩别的！等一会儿人少了再过来。""你还不走啊，这孩子真不听话，那我们走了啊，你自己在那里吧！"

为什么我们要在孩子想要专注的时候，用威胁和利诱的方式把他们拉开，而在他们真的无法专注时，却苦思冥想地非要让他们专注呢？我们和孩子真的不是生活在一个世界里，他们总是想着"此时此刻"，而我们总是想着"接下来"——接下来要玩别的、接下来要学更多的知识、接下来要回家吃饭……孩子总是用极度的专注启发我们要活在当下，这也是我们成年人已经丧失的一种能力。

• 吃饭

吃吃停停。

3岁以内的孩子很少有能够在餐桌旁边安安静静待上一分钟的，他们会扔勺子、抓饭、把粥倒在桌子上、手舞足蹈等。

如果你能允许这些行为发生，他是可以坐着把饭吃完的。很多孩子不肯坐在餐桌旁吃饭的主要原因是我们不允许他吃吃停停。

吃吃停停对于这个年龄段的孩子来说很正常，他们的脾胃功能还很弱，需要循序渐进地获得热量。所以，他们不适合像大人一样按顿来吃饭，他们更适合少食多餐。曾经有这样一项调查，研究者选择了1000位2~6岁孩子的父母作为调查对象，结果80%的父母都认为自己的孩子吃不饱。这个比例已经很能说明问题了，到底是孩子真的吃不饱，还是我们认为孩子吃不饱，这的确值得我们思考。

要让这个年龄的孩子像大孩子或者成人那样去注重餐桌礼仪，还为时尚早。但他们再长大一些就会慢慢做到，因为他们的食量会增加，控制能力随着大脑的发育会增强，让他们感到好奇的事物也会慢慢变少，现在我们要做的就是让孩子先不要讨厌吃饭。

只吃熟悉的食物。

大部分孩子只喜欢吃熟悉的东西，这与人类基因中的记忆有关。试想一下，我们的祖先会不会随随便便就摘下一个陌生的果子来吃？这样的情况会有，但一定是少数，因为如果那样的话，人类存活的概率就会降低。大多数的孩子遵循了人类进化出来的自我保护本能，尽管他们自己也不知道为什么要这样。

站在这样的角度看待孩子的这种行为，是为了能够理解孩子，并不代表我们什么也不需要做。除了顺应他们的发育步伐，我们还可以做一些引导。

比如，自己给孩子做出榜样。有研究表明，妈妈在孕期讨厌的食物，孩子也有可能会讨厌。当然孕期是一个特殊时期，我们能做的就是从现在起让自己不挑食，很多说孩子不爱吃蔬菜的家长自己往往也不爱吃蔬菜。

另外，你也可以邀请孩子参与进来一起准备他不吃的饭菜，比如让他帮忙洗胡萝卜，在炒好的菜里用香菜摆盘，准备碗筷，叫家里人吃饭等。即使孩子最终还是不吃，那又怎样呢？也许小油菜的营养，吃大白菜也可以补充，你只要保证让多种丰富的食物轮流、重复出现在餐桌上就好了。

喜欢用手抓食物。

孩子是靠多感官来体验和学习的，用手抓食物是他们探索和学习的一种方式。很多在吃饭上出现问题的孩子往往是家长在这个阶段的方式方法不正确。比如怕孩子用手抓、吃得脏，就不允许他们自己吃饭，而是用喂来代替，如果孩子不同意喂，就用电子设备来吸引他们的注意力。到最后，吃饭成了家长的事。所以，在这件事上，主要考验的是家长。有的家长允许孩子用手抓、往脸上弄，孩子探索够了后，自己吃饭就吃得非常好。有的家长不能接受这种做法，那么也可以想些办法引导一下，比如在饭前多准备一些可以捏和抓的东西让孩子玩，像米饭、橡皮泥，孩子对"黏"的感觉探索充分了，就会减少在吃饭时的抓捏行为。

为孩子搭建"脚手架"

很多父母说，孩子前一秒答应得好好的，后一秒就出尔反尔，这让他们很头疼。

有时候，这并不是孩子"出尔反尔"，而是因为你只关注他"是否做到"的结果，却没有对他"如何做到"给予帮助。除了尊重孩子现有的技能，我们还可以用一些积极的方式帮助他练习和提升技能，搭建脚手架就是这样一个帮助孩子做事从而提升孩子技能的方法。

"脚手架"这个说法源自心理学家维果茨基的社会文化理论,它强调成人应该根据孩子的现有水平来调整对他们的帮助。当孩子不知道该怎么做时,成人需要为他们提供指导,或把任务分解为容易掌握的小单元。随着孩子能力的提高,善于搭建脚手架的成人会逐渐地、敏感地停止帮助,让孩子自己来做。

接下来,我们来看看在实际生活中怎样帮助孩子搭建4种脚手架。

·第一个脚手架——做示范

当孩子不具备做某件事的技能时,我们可以通过给他做示范的方法予以帮助。

比如当孩子玩具被抢时,他除了对着你哭,什么都不会。此时的你可能会带着孩子去把玩具要回来,你可能会说:"小朋友,把玩具还给我们吧,我们还没玩完呢。"这就变成了你在向小朋友要回玩具,以后孩子会更依赖你,什么都会是"妈妈去""妈妈说",这会削弱孩子参与的动力。

以下是我的课程学员"天天妈妈"分享的例子:

> 当天天的玩具被小朋友抢走了,妈妈带着天天走到拿走玩具的小朋友面前,对他说:"小朋友,天天说他想要回这个玩具,对吗,天天?"天天点了点头,那个小朋友就把玩具还给了他。

天天的妈妈用自己的嘴说出了孩子的话，她促成的是孩子与另一个小朋友之间的联系，哪怕只是微小的联系，一句"对"，或者一次点头，当孩子和别人发生了联系，那么接下来就可以说和做的越来越多。

在这个例子中，也许有人会问，假设那个小朋友没有把玩具还给天天呢？别忘了，表达自己的需要并不意味着需要一定能够被满足，只要沟通的意愿在，就会有很多机会可以解决问题。

这种情况下，你还可以为孩子示范出解决问题的其他方式，比如选择拿另一个自己不玩的玩具和那位小朋友交换，或者带着他去与那位小朋友的妈妈沟通。当然，沟通的原则并不是去告状，而是站在平等的基础上去交流，比如说："你看，小孩子们就是这样，彼此都觉得别人的东西才好玩。我儿子的玩具在你家宝贝手上，可不可以帮我把这个玩具换给他玩？"一般情况下，这种积极的沟通方式都会得到配合。

通过这种方式，你向孩子示范的就不仅仅是怎样能够满足自己的需要，还包括在需要不能够被满足时，如何静下心来持续积极地沟通。

・第二个脚手架——把任务划分成小目标

不要试图让孩子一步到位。有时候，如果孩子一再努力都做不到的话，就很容易因为挫败而放弃。如果先鼓励他们获得一定的技能，他们就会愿意做更多的尝试。

比如收拾玩具，你可以把收玩具这项任务划分成一个个微小的目标，不要求孩子一次性把玩具收得整整齐齐。比如，你可以问孩子想先收哪些玩具，然后把部分玩具挑出来先收拾好，其他的之后再收。你也可以先拿一个大筐，假装这就是一个挖掘机，让孩子当"司机"，把所有玩具都收起来，然后再拉到玩具架上，由"分拣员"分类摆放好。这样，收玩具这件事情就被划分成了两个步骤。你也可以动脑筋把它变成三四个步骤，然后让孩子从最容易入手的小步骤做起。

再举个例子，如果你期望孩子可以大方地和别人打招呼，而他现在还不太习惯这样做，那么你也可以降低一下难度，先为孩子制定一个便于实施的小目标，比如引导他只挥挥手，当他感受到别人温暖的回应时就会理解打招呼的意义，接下来再鼓励他一点点加入语言。

把任务划分成小目标会让孩子意识到目标并不是遥不可及的，只要先迈出一小步，然后慢慢去做，就可以做到。

- **第三个脚手架——根据孩子的需要提供必要的支持**

根据孩子的发展水平和需要，你还要为孩子提供必要的支持，帮助他发展技能。拿专注力来举例，除了之前谈到的尊重孩子的技能水平以外，你还可以为孩子提供其他支持。

第一，吸引孩子的兴趣，让他有机会发展专注力。

有的父母提到，孩子只对自己感兴趣的事情专注。

这其实提到了专注力的前提——兴趣。相信你也一样，不可能对自己毫无兴趣的事情保持专注。所以，如果你希望孩子拥有良好的专注力，那就需要激发他做事情的兴趣与动机。

如果你希望孩子爱上读书，那么你可以坚持进行亲子阅读，把故事讲得绘声绘色；你也可以和孩子把绘本编成小短剧演出来，这会让孩子觉得读书的过程很有趣。

第二，减少过多、过强的外在刺激。

过多、过强的外在刺激也会干扰孩子的专注力。关于这点，要强调两个方面：

一方面，避免将过多的玩具或书放在孩子面前。

有的父母说："孩子一本书看了不到两页就去看别的，每本书都看不了几页就放下。"

这种情况除了要考虑专注力的水平，还需要考虑可供孩子选择的目标是否过多，比如地上摆了太多的书和玩具，导致他没有办法专注下来看一本书、体验一件事。当然也不排除这些书都不是孩子喜欢的，而是妈妈自己喜欢的。

另一方面，避免孩子过早、过多接触电子产品。

电子产品给了孩子即时的刺激与满足，过早、过多地接触电子产品会影响孩子的专注力，导致孩子无法静下心来做一件事情。当然电子产品（特别是电子游戏）是现在生活中很自然的一部分，待到他们再大一些，它们也是孩子社交的一部分。所以，不需要刻意避免让孩子接触电子产品，而是让孩子越晚接触越好，这样既能避免对孩子的视力发展造成影响，也能培养孩子对电子产品以外的事物的兴趣。

伴随着年龄的增长，孩子的控制能力会不断增强。在此之前，没有什么比亲子间的互动更能够给予孩子良性的刺激，无论是对他们的大脑发育，还是你们之间的亲子关系来说都益处多多。

·第四个脚手架——用适合孩子的方式鼓励重复

提升技能还需要足够的重复。什么方式会让孩子乐于重复呢？无疑是轻松有趣的方式。

开玩笑是不错的方式。我经常在儿子有不得当的行为时告诉他："你是想让我把你亲晕过去吗？"他有时候乱扔衣服在地上不想捡时，我就会这样去问他，或者干脆追着去亲他。亲上几口以后，他就会开心地把衣服捡起来。

当孩子对着你喊："我要打死爸爸！"你不妨装作什么都听不见，然后问他："什么？你说什么？你说你想让我抱抱你？好吧，我来了。"你可以向孩子跑去，然后这就变成了追逐的游戏，你可以装作笨一些，一直追不上他，刚追上他时就让他跑掉了。这样，你就用另外一种方式赋予了孩子力量感，笑也可以让孩子释放积累的情绪。通过一定的重复，孩子就会慢慢放弃说脏话、狠话的行为，转而用更得当的方式来表达。

再举个例子，孩子总是不收玩具，那就在他脑子里建个"收玩具岛"吧。

第一天，你可以用游戏的方式帮他建岛。比如和孩子玩个收玩具的游戏，请他扮演救援人员，假装打电话请救援人员赶来帮忙，说你已经被困在那些玩具里出不去了，你的小救援人员也许马上就会赶来。

第二天，游戏的方式可能失效了，你可以用比赛的方式，看看是绿色的玩具被最先收完，还是红色的玩具被最先收完。

第三天，你可以给他提供选择，问他是想先收娃娃，还是先收小汽车。

第四天，他可能说什么也不收，你不妨先缓冲一下，让他先喝个酸奶，晚一些再让他去收。

……

第十天，他可能又不收了，碰巧你没有耐心和他玩游戏，你要睡觉了。你可以蹲下来特别认真、坚定地和他讲，你想让家里保持整洁，希望他把玩具收起来。你可以平和且坚定地重复这些话。

接下来，还可能会有第十一天、第三十天，你每天都在帮他建立收玩具岛。你不用担心一年365天会让你"黔驴技穷"，事实上不需要那么久的时间，只要孩子重复收拾玩具，慢慢地他就会养成习惯，自己就会主动去收，你就可以像脚手架理论中提到的那样慢慢撤出你的帮助。即使孩子偶尔一两次不想收，也是人之常情，你也会有一些犯懒的时候，这并不会影响习惯的建立。在这个过程中，与其说你在建立孩子的"收玩具岛"，不如说你在用鼓励他重复的方式建立"自律岛"和"习惯岛"。

其实无论你用轻松有趣的方式还是打骂的方式，孩子都有可能去收玩具、刷牙，但更值得我们思考的是，哪种方式会让孩子更乐于养成积极的习惯和品质，并更利于他们形成健全的人格呢？

第 9 章
想让孩子更加自信？
一味地鼓励可不够用

早在 1959 年，心理学家罗伯特·怀特就指出，人类有胜任的基本需要，即相信自己能够有效应对环境的需要。怀特认为，胜任需要具有重要的生物学意义，并且它是随着人类物种的进化而出现的，它推动人们发展出更有效的应对环境条件的手段，也因此提升了人类生存的概率。孩子天生渴望获得胜任感，他们花大量的时间来探索和控制这个世界，并渴望在实现"我能行"这个过程中获得胜任感，得到父母的认同，让他们感觉到自己是有能力、有价值的，以此来激励自己不断地努力。

那么，如何帮助孩子获得胜任感，它的影响因素都有哪些呢？

自主性与主动性是孩子获得胜任感的天然动力

著名的发展心理学家和精神分析学家爱利克·埃里克森提出了

人格的社会心理发展理论。

人格的社会心理发展理论把心理的发展划分为8个阶段，指出每一阶段的特殊社会心理任务，这些心理任务同时也是一对对发展矛盾，如果得到解决就可以顺利过渡到下一阶段，并成为人格发展的基础。

理论中将0~6岁划分为3个阶段：

第一阶段，0~1岁，这个阶段的发展矛盾是信任对不信任。

这对矛盾很好理解，1岁前的婴儿重点发展的是信任感，也就是对妈妈、环境、他人的信任，这是他们未来相信自己、探索世界的基础。如果这个阶段发展得不顺利，那么不信任感就会使孩子难以发展与他人的信任与合作，并且不相信自己的能力，在人际交往和环境探索中以退缩来保护自己；到了青少年期，他们也很难坚持自己的信念，容易放弃；长大成人后他们要么对自己所爱的人过分依赖，要么在遇到困难时怀疑自己的能力。关于这一阶段的发展需要，我们在之前已经详细阐述。

如果孩子在婴儿期，获得了信任感方面的发展，那么他们就会成为心里"有底"的人，有能力和欲望去探索。因此，1~3岁的孩子就有了新的任务——发展自主性。

第二阶段，1~3岁，这个阶段要处理的矛盾是自主性对羞怯和怀疑。

怎么理解这对矛盾呢？自主性意味着孩子开始有了独立自主的需求，这个阶段的孩子是强烈追求独立的，他们喜欢探索、模仿，喜欢掌控自己，甚至掌控爸爸妈妈。如果在这个阶段父母过度保护或者过于严厉，都会剥夺孩子体验自主性的机会，而伴随着羞愧、尴尬、内疚等与自我意识相关的情绪的发展，孩子在这个过程中会体验到更多的羞愧感，并且怀疑自己的能力。

如果前期的信任感与自主性都得到了发展，那么孩子就会发现自己是有能力的，他们会拥有天然的自信，做事情更有主动性，从而可以顺利过渡到下一个阶段。

第三阶段，3~6岁，这个阶段主要的矛盾是主动性对内疚。

这个阶段孩子的特点是语言的快速发展，他们需要迅速整合好自己的语言能力，所以会有吐字不清、结巴，甚至说狠话的情况；他们的逻辑思维开始萌芽，他们想要探究事物之间的因果联系，所以开始不断地发问，变成了"十万个为什么"；他们开始变得执拗和追求完美，比如，小汽车的轮子掉了，就要把小汽车扔到垃圾桶里。如果你能理解和尊重孩子的发展特点，满足他的探索欲望，并以积极的方式鼓励他对错误予以改正，那么孩子就会获得主动性的发展。从自主性发展到主动性，这是一个跨越，孩子会变得更有积极性，并且开始学着控制自己。

如果在这个阶段的发展中，孩子受到过多的阻止、否定和指责，他们就会觉得自己不够好、自己是不被爱的，会产生过度的内疚感和失败感，甚至会变得不自信、做事缺乏动力。过度保护也同样会让孩子感觉到自己是没有能力的。直到青少年阶段，这类孩子都可能难以主动进行积极的探索，遇到困难时容易选择逃避。

每一个阶段都是下一阶段的发展基础，只有解决了当前阶段的矛盾，孩子才能顺利过渡到下一个阶段。换言之：如果孩子在某一阶段发展得不够顺利，那么你可以回到那个阶段，让孩子得以重新发展，这就意味着，即使是面对一个青少年期的孩子，你也需要把最基础的部分补足，比如帮助他重新发展信任感或自主性。

当孩子获得了一定的自主性和主动性以后，他们就体验到了人类赖以生存的胜任感，如果再加上你的鼓励，这份胜任感就更容易维持下去。

鼓励是激发孩子胜任感的外部推手

获得鼓励和认同也是人类的一项基本需要，每个人都需要让自己的价值得到认可。

一位妈妈向我咨询说，她的孩子最近总爱说谎，一回到家里就说自己今天表现得如何好、老师怎样表扬了她，结果妈妈和老师核实后，发现都是她编造的。妈妈很是困惑，为什么本来很诚实的孩子非要说谎呢？

从和这位妈妈的沟通中我了解到，她很少表扬孩子，因为担心如果表扬得多了，孩子容易骄傲。事实上在她小的时候，她的父母也同样吝啬于对她的表扬，现在，这种模式也被她带到了她自己的育儿模式中。我告诉这位妈妈，孩子说谎，只是因为想得到她的认可。

作为成年人，你在付出努力、获得成功以后，会特别开心。你很清楚是什么让你自豪、什么让你灰心丧气。但孩子还不能做到这样的自我觉知，0~6岁的孩子尚处在好坏标准的形成阶段，他们依赖于父母的评价来看待自己，如果父母对他们的评价是积极的，他们就会对自己产生积极的看法，认为自己是有价值的。

怎么鼓励，孩子才受用？

关于鼓励，父母有很多困惑：

"到底该怎么鼓励孩子？我感觉如果鼓励得太多了，孩子确实会变得自信、外向，也更爱表现自己，但要是他没有做到最好，就会很生气，会大哭。"

"我一直在鼓励孩子，为什么他还这么没有自信，无论怎样鼓励也不愿意接受哪怕一点点挑战？"

如果你也有这样的疑问，那么很可能是你的鼓励变了味道。有时候即使是正面的鼓励，也会导致消极的后果。

当孩子把自己画的一幅画拿给你看，你可以鼓励他画得漂亮，也可以鼓励他画得专注，但更重要的是，你要关注他听到这些话以后,会对自己说些什么。

他有可能会说:"我其实画得一点儿都不漂亮,这幅画离我想要的效果还差得很远。"他也有可能说:"嗯,我专注地画了这幅画,只要我足够专注和努力,就一定会画得越来越好。"

正如海姆·吉诺特博士所说:"你的鼓励可以划分成两个部分。一部分是你所说的话,另一部分是孩子听到这些话以后对自己所说的话,也就是他会怎样评价自己。"

不当的鼓励会带来压力

正面鼓励也会产生消极结果,这与我们的鼓励方式有关。

你买给孩子一幅新拼图,他正专注地拼着。拼上第一块时,你就迫不及待地竖起了大拇指,表扬他:"你真棒。"每拼上几块,你都不忘这样夸奖他一下,那么你的孩子会感受到什么呢?

首先,他选择拼拼图完全是出于兴趣和热爱,但当你说出"你真棒"时,毫无疑问,孩子都喜欢得到父母更多的鼓励和认同。接下来,他拼拼图时又多了一项目标——得到父母更多的认同。

其实不管孩子是否拼得上这个拼图,你肯定都会爱他,但对于孩子而言,拼上了就会有"你真棒"这样的鼓励,像条件反射一样,换言之,这种鼓励会让爱变得有条件。父母传递给孩子的信息是:"我时刻都在衡量评价你,只要你成功,就能感受到我的欣赏和爱。"

如果孩子无论怎样尝试都不能拼好剩余的拼图,他也许会因此气馁,甚至放弃,无法再面对新的挑战,转而去拼自己原来更熟悉的那幅旧拼图,因为这更容易得到你的鼓励和认同。

接下来有一天,当他好不容易做成了一件事,你告诉他:"太好了,你成功了!"然后你问他:"再来一次好不好?"孩子可能会告诉你:"不!"既然成功了,为什么要再来一次?再来一次是会面临失败的风险的。

所以,即使是积极的鼓励也会带来消极的后果。可是,为什么会这样呢?鼓励孩子有什么不对吗?

你会发现,"太棒了""你成功了""你真聪明"这些话语都有一些共同的特征:

第一,它们有指向性或注重结果。

这是有风险的,"聪明"的孩子是不需要努力的,他甚至会觉得努力很愚蠢,等于向大家承认自己不够聪明。

另外,一件事不可能总有好的结果,孩子不可能总是成功,也不可能一直表现良好。他们会担心万一自己失败了,是不是就代表自己不聪明了,不值得被爱了。

第二,它们带有评价。

作为鼓励的一部分,赞美是带有评价的,只有做得好才会被赞美。

过多的赞美("好孩子""你真棒"),以及评价事情的结果("做得真好""成功了"),都有可能给孩子造成焦虑,唤起他们的依赖性和防御心理,这无助于激发孩子的内在动机。

那么,这是不是意味着我们要对孩子好的表现视而不见呢?并非如此,孩子天生需要关注和鼓励,我们需要看见他们,只是不要过多盯着他们的结果,以及他们是否聪明、是否做得棒,而是要把目光放在他们正在努力做的事情上。

现实成就是激发孩子胜任感的潜在力量

在你的鼓励下,孩子的胜任感会得以巩固。但是,千万不要过于依赖鼓励,却忽略了胜任感的来源应该是一种真实的体验。

父母们容易陷入一个误区,认为只要鼓励孩子,他们就可以面对挫败、获得自信。鼓励虽重要,但是如果孩子没能获得现实的成就感,对自己的真实表现不满意,他们的"感觉满意"就不会持久。

一位妈妈曾经充满困惑地对我说:"我觉得鼓励孩子比共情孩子还要难,当孩子动不动就想放弃时,我怎么鼓励都没有用。"

我问她:"那么,我们为什么要鼓励孩子呢?"

"因为孩子需要鼓励,鼓励让他觉得自己是有能力的。"

"那么,是不是只要有了鼓励,孩子就会觉得自己有能力呢?"

"我就是一直鼓励他,可他好像还是认为自己没有能力。"

"如果换作你,有一件事情你一直做不好,除了鼓励以外,你还需要什么帮助你坚持下去?"

她沉默了好半天,告诉我说:"也许,还需要有人帮我一下,或者说至少这件事能让我看到一点儿希望。"

"是的,我们最终要归于现实。鼓励能激起我们的斗志,但我们还需要知道自己真正能做些什么。无论通过自己的努力还是别人的帮助获得的现实成就,都会让人看到希望。"

现实成就让孩子对自己的真实表现感到满意,这是虚幻的鼓励无法给予的,这就意味着你要充分满足孩子的自主性和主动性,让孩子有机会获得现实的体验。同时,当孩子遇到无法自行逾越的障碍时,你需要参与进去,适度地给予他帮助。

当然,现实成就并不意味着你非要让孩子在某一件事情上较劲,每个人都有自己擅长和不擅长的事情,没必要把时间都放在短板上。与其鼓励孩子尝试不擅长的项目,不如帮助孩子寻求真正感兴趣的事情,因为在一件事情上的成功经验会促使孩子去接触下一件新鲜的事物。

满足孩子胜任感的方法

描述性的鼓励

正如前面所说,评价式的鼓励容易适得其反,虽然看似积极,却有着各种消极的影响。所以,我们需要放弃评价,把目光集中在孩子所做的事情上,用具体、真诚的方式把他们所做的事情描述出来。

- **描述事实**

你可以描述孩子的具体行为,也可以描述他的努力或过程。

描述具体行为。

"我看到这支飞镖击中了靶心。"
"你按下了那个开关,门就开了。"
"嗯,我看到小汽车被送进了箱子里,娃娃被送回了床上,书也回到了书架上。"

描述他的努力过程。

"你练习了5遍这个曲子,这一次比之前都熟练了。"
"你连角落里的玩具都收拾起来了,现在家里看起来很整洁。"

"刚才妹妹很伤心,她的糖掉了。你感觉到了她的伤心,还拿自己的糖去安慰她。现在她的心情好起来了。"

通过询问,鼓励孩子自己描述努力过程。

假设孩子用乐高搭了一幢房子,他把自己的作品拿给你看,你除了描述性的鼓励以外,还可以充满关心和兴趣地询问他的努力过程,这可以向他传递一个信息——比起结果,努力和过程更重要。比如,你可以问孩子:

"你是怎么找到那块拼图的?"
"我看到玩具的门开了,你按了哪里呀?"
"哦,你能记住这么多小汽车的名字,你是怎么做到的?"

下面的场景（孩子在朝靶心投掷飞镖，击中了靶心）能够帮助你更好地理解和扩展这些方法：

反例

妈妈："太棒了，你这飞镖水平太高了，一下子就投中了。"

孩子：（继续投了第二支，没有投中，就走开，不再玩游戏了。）

正例

妈妈："这支飞镖击中了靶心。"

孩子：（投了第二支，然而这支没有中。）

妈妈："这次飞镖打在了靶心的右边。"

孩子：（继续投了第三支）"妈妈，你看，这次我打在了靶心的左边，对吗？"

妈妈："是的，你一直在练习。"

当你评价式地赞扬孩子"你真棒"时，孩子可能会想："妈妈期待我每支都可以击中靶心，我不是神枪手，刚才是偶然的。如果我再投一次，甚至可能连靶子都击不中，更别说靶心了。既然我已经投中一次了，最好就别投了。"哪种赞扬会让孩子更加努力呢？当然是非评价式的、描述性的赞扬。在正例中，孩子或许可以学到如何改进,但更重要的是,孩子将认识到妈妈对他的态度并不取决于他投飞镖的能力。

- **描述感受**

    这包括描述你的感受和描述孩子的感受。

    描述你的感受。

    "谢谢你给妈妈捶背,我感觉整个人都轻松多了。"

    "谢谢你送我的母亲节卡片。看着上面画的一颗颗小爱心,还有咱们两个人抱在一起的画,妈妈好感动。"

    描述孩子的感受。

    "尽管你已经在打针之前做了很充足的心理准备,但当医生拿起针的时候,你仍然很害怕……最后,你很勇敢地举起了胳膊。"

    "这个拼图的块数比你以前拼的要多很多,有一块你尝试了很多次都没有拼上,你特别失望。也许你看会儿书再去试试,很快就能拼上了,我想最重要的是你调整好了自己的情绪。"

下面的场景(孩子搭了一个积木房子)能够帮助你更好地理解和扩展这些方法:

反例

妈妈："哇，你搭了一个这么漂亮的房子！"

孩子：（一把推倒了房子。）

妈妈："哎？怎么推倒了呀，搭得好好的，多漂亮呀！"

孩子："一点儿都不漂亮。"

妈妈："这孩子！"（无奈地走开。）

正例

妈妈："你搭了一个房子。"

孩子："这房子一点儿都不好。"

妈妈："哦，看起来你有一些失望。"

孩子：（把房顶取下来，又搭高了一些，之后把房顶放了上去。）

妈妈："这一次你把房子加高了。"

孩子：（点点头。）"妈妈你看，我再换个房顶颜色好不好？"

鼓励的难处在于你不仅要看到孩子的行为，还要关注到孩子的感受，这需要我们具有观察力和感受力。有时候即使你正确鼓励了孩子，他仍然有可能会生气地把积木推倒，这并不意味着你的鼓励产生了负面作用，而是当下，孩子不仅需要鼓励，还需要安全地释放一会儿情绪。

描述性鼓励孩子时，我们需要掌握两个原则：

第一，真实、自然，不需要刻意夸张。

任何一种沟通方式我们都要注重态度、语气和语调。

不知你是否遇到过类似的情境，孩子很兴奋地拿来一幅画给你看，或者孩子排除万难完成了一件很困难的事情，你轻描淡写地对他说了一句话，虽然是描述性的鼓励，孩子仍然非常失望。描述性的鼓励需要你用最为真实和自然的方式表达出来，要知道，孩子需要的并不是你夸张、惊讶的表情，而是一个自然的、真情流露的你。

第二，避免对人的评价。

无论你描述的是行为、努力、过程，还是感受，都要避免评价，特别是对孩子人格的评价。

假设孩子把玩具收拾得很整齐，你对他说："你把玩具都收起来了，真好。"当你针对"你"来描述时，你的鼓励就变成了对孩子的评价，孩子会担心如果自己不收拾玩具的时候，是不是就意味着自己不够好了。假设换成："玩具收拾起来，房间很整洁。"这种描述针对的就是孩子的行为和他所付出的努力。所以，你只要表达出你看到、听到、感受到什么就好了，不需要刻意额外加上一句评价的话。

建设性的指正

虽然你明白鼓励孩子需要你拥有一双善于发现优点的眼睛，可有时候即使你瞪大双眼也没能发现孩子的优点，看到的反而都是错误和缺点，这种情况下还需要鼓励孩子吗？

答案是肯定的，即使面对错误，你忍不住想批评孩子的时候，你也需要让指正更具有建设性。

  当看到孩子只收了小汽车和洋娃娃，而小火车仍然扔得满地都是时，你可以说："我看到小汽车回到了架子上，娃娃回到了床上，要是这些小火车也能回到轨道上就会看起来更整齐了。"

  当你要送孩子去幼儿园，出门前发现他还没有穿上鞋时，你可以说："你已经准备好去幼儿园了，衣服都穿上了，现在就剩下穿鞋了。"

  当你看到孩子在出门时很磨蹭，用了10分钟时，你可以说："这一次出门，你一共用了10分钟时间，比上一次提前了1分钟哦。"

只有当孩子发现自己有能力做到一些事情，并且自己的努力被认同的时候，他们才会更愿意改进自己的行为。

  下面的场景（孩子把瓷杯子放在了茶几边上，结果不小心碰到地上摔碎了）能够帮助你更好地理解和扩展这个方法：

> **反例**
>
> 妈妈：（赶紧跑过去）"哎呀，你怎么不小心点啊，快起来，别碰着。"（拿着扫帚开始清理。）
>
> 孩子：（不知所措地待在那里。）

> **正例**
>
> 妈妈：（故作夸张地惊叫）"快看，你有了新发现。"
>
> 孩子：（疑惑地看着妈妈。）
>
> 妈妈："你发现当杯子放在茶几边上的时候，更容易被碰到地上摔碎。"
>
> 孩子：（点了点头。）
>
> 妈妈："接下来你再去发现一下咱们家的扫帚吧，看看碎片在哪里。"
>
> 孩子：（跑到厨房把扫帚拿了过来和妈妈一起清理。）

孩子需要慢慢积累经验、获得进步，在这个过程中，"犯错"承担了非常重要的任务，那就是帮助孩子成长。犯错可以帮助孩子知道以前并不知道的事情。作为父母，我们都希望孩子可以勇敢地承担责任、解决问题，当我们能够积极、客观地看待孩子犯的错误时，就更容易想出建设性的方法来指导孩子从错误中学习，让他们在犯错中收获成长。

记录值得鼓励的行为

记得我去四川雅安灾后重建地区做留守儿童的访谈时，面对一群父母缺席的孩子，内心有种说不出来的情绪。当我问到孩子们最希望爸爸妈妈和自己聊什么话题时，大部分孩子的答案是：

"我想知道爸爸妈妈为什么扔下我们？"
"我想知道爸爸妈妈在外面做些什么，安不安全？"

然而很多工作在外的父母和孩子聊得最多的是什么呢？几乎是千篇一律的：

"你学习怎样？"
"你是不是听话？"
"你有没有调皮捣蛋？"

他们与孩子的沟通不在同一条水平线上，这样一来，他们和孩子之间的心理距离也就越来越远。我试图告诉他们，孩子需要情感上的联结、需要共情、需要鼓励，然而很多原本就羞涩、内敛的父母并不容易说出那些在他们听来十分肉麻的话。

于是，我鼓励这些父母把一些不太容易说出口的话写下来——这是一个很有建设性的方法。后来一位妈妈跟我分享，她会把鼓励孩子的话贴在冰箱上，孩子会经常跑到冰箱前去看，看完后再满意地跑回来，两母女有了沟通的"新方法"。

我儿子小米有一个笔记本，上面用描述性鼓励的方式记录着他做过的很多事，比如："今天在超市，一个塑料袋缠住了购物车的轮子，妈妈用力拉了半天，结果它还是缠在那儿，我蹲下来，在妈妈另一侧的方向用力拉了一下，塑料袋被拉出来了，购物车又可以推着走了。妈妈说，我让她想到了一句话——'换个角度看问题'！"

这些笔记伴随了小米很久，当他失去信心或者提不起勇气时，就能从这个小本子里找勇气和灵感。本子里面有他帮助别人的故事，有他学骑两轮自行车时克服困难的故事。这个小本子变成了他的宝库，他可以从这里面汲取信心和能量。

一位妈妈分享了女儿的一张便条。两口子要带弟弟去医院看病，姐姐在家里安排好整个上午，不仅自己写了作业，还帮奶奶做了家务，回来后妈妈写了一张鼓励的纸条给女儿。让他们感到惊讶的是，女儿把纸条小心翼翼地折好放到了一个小袋子里。那个小袋子里放的全部是女儿的宝贝东西，可见孩子把那张字条也当成了一件心头上的宝贝，珍藏了起来。

> 宝贝儿：
> 　　爸爸妈妈不在家，你的时间你做主，你安排好了整个上午，这就叫独立！
> 　　　　　　　　　　爱你的：爸爸、妈妈

参与而非干预，帮助孩子获得现实成就

有时候，除了鼓励，孩子还需要你提供必要的支持，需要你通过参与而非干预的方式支持其获得胜任感。

下面是儿童心理学家让·皮亚杰观察他儿子劳伦特的一段记录，当时他的儿子只有16个月大。

> 劳伦特坐在桌子前，我把一块面包放在他够不到的地方。在他的右边，有一根25厘米长的小棍。最初劳伦特没有注意到工具而是直接尝试去拿面包，他失败了。然后我将棍子放在他和面包之间。劳伦特又看了看面包，没有动，然后瞅了一眼棍子，突然抓住它并将它指向面包。但他抓着的是棍子的中间而不是一端，因此棍子太短没有办法够到面包。劳伦特放下棍子，再次将手伸向面包。没过多久，他再次拿起棍子，这次是握住了一端，然后够到了面包。

在让·皮亚杰的这段描述中，我们可以看到他的儿子虽然很小，但已经有了掌控部分环境的愿望。值得思考的是，皮亚杰在儿子即将放弃的时候，仍没有放弃对儿子实现成就的帮助，而是参与进去。他没有把面包直接拿给儿子，而是把一根木棍横在面包与孩子之间。当孩子拿着棍子的中间去够时，显然是不能成功的，他也没有直接指正，而是继续观察和等待。最后，孩子通过一次次的尝试，找到了正确拿棍子的方法。

确切地说,这是一次实验记录,它向我们展示了帮助孩子的各种可能性。我们可以参与孩子的活动,但不要干预式地全部代劳。皮亚杰所做的是通过适度的参与,在孩子和目标之间搭建一座桥梁。

一位妈妈和我说起她的孩子在这方面的经历:

我家宝宝5岁了,每当她拼乐高积木不成功而发脾气时,我的做法就是鼓励她:"你刚刚拼得很好啊,你再试试。只要坚持下去,一定可以拼出来的。"可无论我怎么鼓励,她都不愿意再拼了。后来我才明白孩子需要的不是我一味地鼓励,而需要我视情况通过积极的参与,帮助她获得现实的成就。

我开始尝试用朱老师的方法——如果孩子不提出让我帮忙,我就在旁边陪着她,让她的挫败情绪得到陪伴和倾听;如果她需要我帮忙,我就给她一点儿提示,而不是全帮她做完,比如告诉她:"图纸上这个部分你已经拼出来了,接下来要用的好像是这块积木,对吗?刚刚拼的这里好像和图纸上不太一样,到底哪里不一样呢?"我也会假装思考,像被难倒了一样,等待她去寻找解决的办法。如果找不到,我就给她做一下示范。慢慢地,孩子不断地突破困难,再遇到困难时,就变得不那么情绪化了,她嘴里会念叨着:"问题出在哪里呢?"这就是现实成就带给孩子的力量!

的确,现实成就是具有力量的。它与鼓励不同,不是外在的力量，而是孩子强大的内驱力。当鼓励与现实成就相结合时，孩子胜任感的需要会得到最大程度的满足。

一个胜任感被满足的孩子，无论走到哪里，都会拥有一份笃定的力量。他相信事在人为，肯接受失败。无论发生什么，他曾经历过的现实成就和你对他的鼓励都会成为支撑他一路向前的力量。

第 10 章

同伴关系不可或缺，帮助孩子解决社交难题

人是社会化的动物，有与其他人建立关系的需要。

除了与成人建立亲密的关系外，孩子也需要得到其他孩子的接纳和友谊。

美国儿童与青少年社交专家凯西·柯恩认为，社交技能好的孩子会具备八大能力，分别是加入伙伴当中的能力、沟通交流的能力、读懂社交信号的能力、自尊自信的能力、管理压力的能力、解决社交问题的能力、化解冲突矛盾的能力、调节情绪的能力。

虽然孩子生来就具有交往意识，但他们的交际技能尚未成熟。对于孩子的社交技能，很多父母都有困惑：

"其他小朋友在玩玩具的时候，孩子明明也很想玩，但是要等其他小朋友不玩了才敢过去，如何引导他跟小朋友交流呢？"

"孩子不喜欢集体活动，人一多就只是观望，不会参与互

动。我是应该顺其自然,还是稍微强迫他一下,让他和小朋友互动呢?"

"出去玩时,孩子不让别的小朋友碰他的玩具车,他也不让其他小朋友碰他好朋友的东西。"

"孩子被别的小朋友打了也不知道该怎么办,除了哭,什么都不会。"

这些对孩子社交情况的困惑是普遍性的。要解决这些困惑,我们需要对社交的影响因素以及孩子的社交特点有更多了解。

影响孩子社交的相关因素

父母为孩子的社交模式涂上底色

谈到社交能力,你大概会认为等孩子入园或入学以后,真正与人交往时再培养也来得及。事实上,这项能力从孩子一出生就已经开始发展了,而且父母在孩子社交意识及技能的培养上起着至关重要的作用——因为你是他生命中与他建立关系的第一个人。

· **互动模式**

在婴儿期,你与孩子的互动模式就是他未来社交模式的雏形。从出生的那一刻起,孩子就已经开始展现与他人交往的意愿了。当医生把婴儿放到妈妈的怀里时，婴儿会安静下来，因为他在胎儿期就已经能够识别妈妈的声音和气味。躺在妈妈的怀里让他感觉到熟悉和安全，也帮助他迅速地与妈妈建立起紧密的关系。同时，他对与人互动充满兴趣。当你对着新生儿吐舌头，他会非常努力地模仿你。这种模仿具有适应性的意义，新生儿渴望与人发生关系，这意味着他能得到成人更多的关注和照顾，从而得到更多的安全感，良好的安全感反过来又会促使孩子发展出良好的社交能力。

6岁以前的孩子是吸收性的心智，在与父母长期的交流互动当中，孩子通过观察和体验父母与自己的互动方式，习得了父母的言行和举止。

从这个角度讲，父母为孩子的社交模式附着了底色。有人会对自己孩子的各种社交表现提出疑问，比如有的孩子过于胆小退缩，有的孩子则具有攻击性。父母应该思考的是，在自己与孩子的互动当中，哪些方式会影响孩子与人交往的模式。如果父母对待孩子的方式是强势地批评与责备，甚至打骂，那么孩子在与人交往时，就会要么胆小退缩，要么具有攻击性。这些现象表面上看起来是孩子的社交问题，实质上或多或少都有父母与孩子交往的影子。

·社交参照

8个月的孩子就已经可以把父母的社交表现作为自己的参照。所以，父母对孩子的影响，比起语言，更多的是通过行为。

如果你一边打大宝一边对他说："以后不可以打弟弟！"可想而知，无论你说了什么，孩子吸收的一定是你的行为，因为你的行为正教给他"生气时是可以以大欺小，用打来解决问题的"。

· **提供社交机会及社交技能的支持**

提供社交机会及社交技能的支持是父母对孩子社交能力的直接影响。

很多父母都会问我自家孩子不太喜欢与小朋友交往的问题，而这些家庭中的孩子多数都是由阿姨或老人带大。我们不能要求老人既料理家务、照顾孩子，又带孩子发展社交，他们的精力毕竟是有限的。所以，父母需要承担起这部分责任，多为孩子创造社交的机会和环境，并且观察孩子与其他小朋友交往过程中遇到的困难，教孩子如何发起伙伴交往、如何加入群体游戏，以及如何处理冲突。久而久之，在孩子的第一任社交老师——父母的支持下，他们就能发展良好的社交能力。

兄弟姐妹是孩子的社交陪练

"我家孩子不跟小朋友玩，只跟爸爸妈妈玩，该怎么办？"

"我家孩子遇到同龄小朋友不合群，对大孩子和成年人还好一些。"

这些问题最本质的原因是孩子与其他孩子建立关系的机会太少了，特别是独生子女，他们更习惯与成人的交往模式，这种模式里既没有争抢,也不需要分享。相对而言,多子女家庭的孩子在社会交往的历练方面则具备先天的优势。

在孩子走向社会之前,兄弟姐妹就是他们最好的陪练,他们在家庭的小社会中一起玩耍、练习社交,这让他们之间的冲突也变得尤为珍贵。研究表明,积极的兄弟姐妹关系可以帮助孩子发展良好的社交技能,他们因此学会了理解他人的需求与感受,并获得了积极解决问题的思维,这将为他们与外界伙伴之间的交往提供必要的保障。

兄弟姐妹之间的关系还取决于父母与每个孩子之间的关系及沟通模式,如果父母可以与孩子一起耐心地讨论弟弟妹妹的需要及意图,比如,"他想玩那个玩具,但是不知道怎么用语言来表达",那么,孩子也会学会考虑弟弟妹妹的感受和需要,从而想到解决问题的办法。最重要的是,他们不会觉得父母偏袒弟弟妹妹,并能感受到父母对自己的接纳和爱。

所以,这又回到了我们所谈的"家庭为孩子的社交模式附着了底色",对孩子的社交能力发展而言,最重要的就是父母与孩子的互动模式。

尊重孩子的气质类型

一位5岁孩子的妈妈提到,她的女儿见到别的小朋友在玩时,很想加入,可是又不敢,要在旁边看上半天才会和别人一起玩。

每个孩子的先天气质类型不同。有的孩子喜欢先观察,当他通过观察确定了环境的安全性或确认自己能够掌控活动以后，才会慢慢融入，这也是我们常说的"慢热"。不管是观察还是犹豫，如果孩子可以慢慢融入，父母就不需要任何干预。

观察型的孩子更喜欢思考和倾听。他们往往具备很好的感受力、做事情更加专注，且不容易冲动，这都是他们的优势所在，父母首先要欣赏和接纳这些独特的品质。只要不受到干扰，给予他们放松的环境，这些孩子就会在与人交往中找寻到快乐。

有一次我在农家院，看到三个小孩子同时对磨豆浆的石磨产生了兴趣。其中两个孩子直接冲过去就开始推磨，第三个孩子先是站在边上看了一会儿才去尝试，而他的妈妈在这个过程中一直没有催促他，只是陪着他看。我在想，如果这位妈妈很紧张地马上催促孩子："你也试试啊，快去啊，一会儿石磨让别的小朋友占了……"那个孩子会不会转身离开，放弃尝试呢？

每个孩子在社交方面都有着他们的独特性，有的勇于探索尝试，有的善于观察倾听，这些特点没有好坏之分。重要的是我们需要了解他们，所谓"因材施教"也正是这个道理。

尊重孩子的发育水平，允许孩子"慢慢来"

孩子在社交方面的表现随着他们的理解、交流、情绪调节和行为控制能力的发展而逐渐变得成熟,而在未成熟的阶段,他们会表现出一些尚不成熟的行为。

"孩子跟小朋友玩的时候,喜欢别人手上的玩具,他不会跟人家说,'可以给我玩一下吗?'或者用手里的玩具去交换,他只会哭,而且哭得很凶。"

孩子处理问题及调节情绪的能力有限。孩子的哭很有可能与以往过多的挫败经历带给他的无助有关。无论是在家庭中与父母的交往,还是在外部环境中与小朋友的交往,他都可能遭受了拒绝和挫败,而现在,他只能通过哭把这种感觉表达出来。如果他的这些能力相对成熟的话,他可能就会用更好的方式来面对这种情况。

"我家2岁的宝宝看到别的小朋友手里的玩具,就直接伸手去抢,不听劝,除非得逞才罢手。"

"在公共场合时,孩子经常强调公共的玩具是自己的,不允许别的小朋友碰,即使我和她强调了那是公共玩具,谁先拿到谁先玩,可她还是一看到自己喜欢的玩具就说是她的。"

以上情况与孩子的发育水平相关,一般发生在2岁半以前。这个年龄段的孩子已经开始发展出"我"的概念,但是他们的认知水平还不能分辨出什么是"我的"、什么是"你的",这种情况是很正常的。我们可以通过转移注意力或引导孩子交换玩具、等待来解决这类问题，即使孩子还不能完全理解"公共"的概念，但持续的讲解和耐心的引导会随着孩子不断地成熟而慢慢发挥作用。

还有的父母向我咨询孩子不爱分享的问题。

伴随着自我意识的萌芽和发展，孩子会越来越喜欢占有物品，开始具有物权意识。他们用对物品的控制来实现自我控制的欲望。从独享到交换，再到分享，需要一个过程。理解孩子这一过程的父母不会强迫孩子分享玩具，而是会尊重孩子的物权意识，比如允许孩子把不想分享的东西收起来，或者在孩子不想分享玩具时，告诉其他小朋友："他还没准备好分享这个玩具。"

同时，在充分满足孩子自我意识的前提下，给他一些发展的助力，比如鼓励孩子体验分享带来的快乐。当孩子主动分享玩具时，让他感受到"分享给双方带来快乐"，这样，孩子不会认为自己不分享是不好的，而会通过体验意识到分享是快乐的。慢慢地，当他满足了自己的物权意识以后，也就会更乐于分享。

一位妈妈跟我说，自己3岁的孩子见到陌生的小朋友就躲开。

其实这是3岁孩子的一个非常典型的表现。孩子3岁时，安全感尚未完全建构成熟，有时候孩子不知道那些陌生的小朋友在干什么，他们是怎么玩的，如果他加入进去会发生什么。很多未知的因素让他不太敢于尝试。这没有关系，等孩子安全感建立得稳固了，在面对一些未知环境和人时也就有了更多的确信，他的社交技能也就随之提升了。

此外，孩子的社交发展是从非社交活动逐渐过渡到社交活动的。有些父母询问我，孩子在幼儿园会把大量时间花在独自玩耍上,这样他以后在社交方面是否会有问题。

米尔德莱德·帕顿最早观察了2~5岁儿童的同伴交往。她发现儿童的联合游戏和互动游戏在这一年龄段显著增多。她据此推测,社会性发展分三个阶段依次展开。

第一阶段:非社交活动。无所事事,旁观,单独玩游戏。

第二阶段:平行游戏。儿童在同伴旁边玩相似的玩具,但互不影响。

第三阶段:两种真正意义上的社交活动。一种是联结游戏,儿童各自玩,但他们以交换玩具和评论对方来互动;另一种是合作游戏,这是一种更高级的互动,儿童在活动中能指向一个共同目标,例如表演一个主题。

孩子们经常在平行游戏、联结游戏和合作游戏之间相互切换,而其中的平行游戏是过渡与延伸的核心阶段。这也意味着即使我们看到两个小孩子在一起没有"交集",也要尽量创造孩子们在一起玩耍的机会。孩子练习社交最好的方式,就是和其他孩子在一起。

了解了以上内容后你会发现,孩子的社交技能会受到很多因素的影响。好消息是,社交技能是可以练习的。在孩子0~6岁期间,他的第一任社交老师就是父母。接下来,我们就来探讨,作为父母,你可以为孩子社交技能的提升提供哪些支持。

满足孩子社交发展需要的方法

干预而非干涉

很多父母纠结,当孩子遇到社交困难时,自己到底该不该参与?对此有不同的声音:

"不管,孩子的事情让他自己处理,要不他总是依赖父母帮他解决问题。"

"必须得管啊,要不孩子总被人欺负怎么办?别人怎么打他的,我就得教他怎么打回去。"

事实上,该不该帮,并不是父母一厢情愿说了算,而是应该看孩子。

父母应该多给孩子时间和空间,观察和等待,鼓励他们自己解决问题。即使有些孩子表现得较为"弱势",也并不代表他们就没有解决问题的能力。有时候,孩子自己并不在乎出现的问题,而是父母很在乎。有的孩子心比较"大",这并不代表他们没有底线,当底线被触碰时,他们也会选择用自己的方式反击。

那么哪些情况发生时,父母应该对孩子遇到的社交困难予以干预呢?

首先,你可以从情绪、技能、伤害三个维度来判断是否进行干预:

- **情绪**

　　当孩子有较为强烈的负面情绪发生时，你需要干预，干预的方式主要是帮助孩子面对他的情绪。比如当别的小朋友抢走孩子手里的玩具时，孩子会哭闹着来找你寻求安慰。

- **技能**

　　孩子的社交技能有限。对于某一种社交情况，比如如何加入小伙伴当中或者如何处理冲突矛盾，孩子可能始终不知道如何处理。他可能会向你求助，有的父母会向我咨询："我孩子的玩具只要一被别的小朋友抢走，他就会哭着请我帮忙。我该不该干预？"这种情况是需要我们干预的。还有的孩子即使长期缺乏技能，也没有主动求助，这也许是因为他们一直处于无助的状态，已经放弃主动表达自己的需求。而有的父母说："我家孩子每次被打，就只知道一个人站在那里哭，不知道该怎么办，也不知道请我帮忙。"这种情况就需要父母为孩子提供帮助。

　　无论孩子是否请你帮忙，你都可以通过直觉和观察来判断出孩子是否在社交上长期存在缺乏技能的问题，特别是当这些问题已经影响孩子与人交往的意愿和功能时。比如，有的父母说："孩子一见到小朋友就喜欢推或打，有时候还会把小朋友正在搭的积木推倒，以致幼儿园里没有小朋友肯跟他玩。"这种情况的原因有很多，但无论是哪一类原因，孩子都缺乏与人交往的技能，这时候父母就需要对他予以帮助。

- 伤害

这一判断标准指的是孩子自己受到伤害或者伤害到他人,当伤害即将发生或已经发生时,你需要干预。比如,有的妈妈说:"孩子每次和小朋友抢玩具,一着急就会推人家,推不开的时候就会咬人。"这种会带来伤害的行为是需要父母干预的。

社交干预模型

需要强调的是,我们所说的"干预",并不是"干涉"。如果父母的干预是为了决定谁对谁错,并告诉孩子如何解决问题,这就演变成了干涉。干涉会加重分歧,而且孩子也无法学会自行解决问题的能力。

那么,我们应该怎样通过干预给予孩子必要的支持呢?接下来的内容将结合"社交干预模型"来介绍三个不同的干预等级。

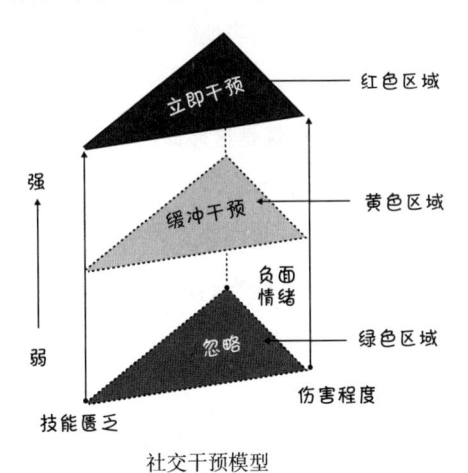

社交干预模型

- **第一个等级——绿色干预，你可以选择忽略**

如果孩子没有强烈的负面情绪、没有向你求助，或者通过观察，孩子的技能问题并不是长期存在的，也没有任何产生伤害的可能性时，那么，家长是不需要任何干预的，这只是孩子锻炼社交技能的一次机会。

- **第二个等级——黄色干预，你可以选择缓冲干预**

如果孩子有强烈的负面情绪，因持续缺乏技能而影响到其社交的信心、意愿或功能，或者情况开始升级，即有可能演化成危险的状况，那么，你就需要提供黄色干预。就如交通信号灯中的黄灯一样，黄色干预是用于缓冲的，你并不需要立即解决问题，而是要通过适度的干预让孩子冷静下来，以鼓励他自行解决问题为主。当然，必要的时候也可以直接提供帮助。

比如一个孩子在玩沙子，你的孩子也想加入，那么就可以鼓励孩子到那个孩子旁边玩沙子，当他们相互熟悉了以后，自然就有机会发生交集。

我曾经看到一个小男孩就是这样做的。当一个孩子绕着小区里的数字图书馆一圈圈跑的时候，这个小男孩也跟在他后面跑起来，慢慢地，两个人开始了互相追逐的游戏。

另外，还可以为孩子提供恰当的建议。

有位妈妈跟我说："只要别的小朋友一抢我家孩子的玩具，他就给人家，这是因为他胆小吗？"

如果这个问题长期出现，家长又发现孩子并不是真的想把玩具分享给别的小朋友,而是缺乏应对这种情况的技能,那么就可以进行简单的干预,即刚刚提到的示范或建议。

家长可以问孩子:"你想让小朋友玩你的玩具吗?"语气和态度中不要带有批评和质疑。如果发现孩子是不情愿分享的,可以再鼓励孩子:"你不愿意是吗?小朋友不知道呢,我们去告诉他好不好?"接下来,无论是为孩子做示范,还是鼓励他自己去要都可以,最重要的仍然是改变自己不良的养育方式,多给予孩子接纳和选择,允许孩子和你说"不",这样,孩子才会有勇气和别人说"不"。

除了简单的干预,对于一些复杂的问题,我们还需要采取一些组合的方法。比如在二胎家庭中常见的争抢现象。假设两个孩子因为争抢一个玩具而闹得不可开交,其中一个孩子喊父母来帮忙,此时,成人的介入可以使事态有所缓和,但重要的是干预方式。

这个时候,父母可以尝试采取黄色干预:

第一步,承认孩子们的情绪。比如,你可以说:"哦,看起来你们两个都不开心。"

第二步,描述每个孩子的观点,无论他们的观点是对的还是错的。比如,你可以对二宝说:"你说哥哥打了你,让你很生气。"而不要说:"哥哥打了你,让你很生气。"接下来,你可以对另一个孩子说:"你呢,你说你只是推了弟弟一下,并没有刻意打他,只是怕他弄坏你刚拼的积木。"

此时,弟弟有可能还会说:"哥哥就是打了我,弄得我好疼。"你还可以继续说:"哦,你觉得很疼。"这种说法一方面认可了弟弟的感受，一方面也让哥哥意识到，他确实用力过大了。

第三步，描述他们共同面临的问题，这一步很关键，目的是把两个拥有不同观点的孩子引向共同的目标，为他们解决问题铺平道路。你可以说："现在你们遇到了两个问题。第一，弟弟现在很疼；第二，看起来积木需要重新修整一下。我相信你们两个一起想的话，肯定能想出一个好办法。"

这个时候，你就可以转身离开。这有一个好处，他们不会对你产生依赖，可以静下来一起想办法。当然，如果孩子在3岁以下，你可以协助他们处理问题，比如给孩子一个提示："你觉得做些什么可以让弟弟感觉好一些呢？"

给孩子们一些时间，记得关注他们的处理结果。如果他们仍然没有想到办法，甚至又要打起来了，这时候，你该怎么办呢？事实上，刚刚的过程是孩子尝试协商、妥协、实现共赢的过程，过程比结果更重要。如果他们没有想到办法，那说明这种情况超出了他们的能力，或者他们的情绪还没有处理好。你可以先表示理解："看来这个问题有点儿难办，没关系的，你们已经努力想办法了。我们先休息一下，找个时间再想想，或者先喝个酸奶再一起想。"如果他们又要打起来了，那可能意味着他们的情绪未能得到足够的释放，你需要慢下来，花些时间在理解和倾听他们的情绪上，先不急于解决问题。等孩子情绪好了，就会有更多机会解决问题。

此外，在有些情况下，除了鼓励孩子自己解决问题，你还需要表明规则和态度，无论是独生子女家庭，还是多子女家庭。比如，当两个在嬉闹的孩子打着打着打过了头儿，你需要阻止他们，告诉他们:"你们是在玩游戏吗?""你们现在两个人都想玩吗?"查明情况后,你仍然可以表明自己的立场:"我觉得你们打得太猛了,这样会有危险的,建议你们去玩别的游戏,或者把你们的力气再放轻一点。"

• **第三个等级——红色干预,你可以选择立即干预**

　　这种情况指的是孩子处于危险之中,这时,必须有成人的介入。举个例子,两个孩子手里都拿着玩具,正要互相打向对方的头,这个时候就意味着有危险要发生了,你需要进行阻止。

　　首先,你要将两个孩子分开,先让他们"停下来"。

　　如果是孩子和同伴发生这种情况,你可以把你的孩子带离现场。如果孩子此时有情绪,你需要先倾听他的情绪。如果问题需要解决,那么等到孩子情绪平静下来以后,你可以引导他找到刚才的小朋友,然后重复黄色干预的步骤。

　　如果是多子女家庭,你可以向孩子们提出建议。比如,你可以说:"你们现在看起来都很生气,现在你们最需要的是冷静。你们想在这里还是回各自的房间里去冷静一会儿?"等孩子们平静以后,你可以和他们一起处理问题。你可以说:"很高兴你们让自己平静下来,刚才你们那么生气,应该是发生什么事情了吧?"接下来的处理步骤就和黄色干预时一样,你可以鼓励孩子们一起处理问题。

　　在这个过程中,淡定的态度尤为重要,因为你的淡定也会换来孩子的淡定。要知道你是孩子处理矛盾、冲突的第一任老师。如果你面对他们发生矛盾时情绪激烈，那么孩子也会感觉遇到了大事情，这会加重他们的不理性；反过来，你的淡定会让孩子觉得没有什么处理不了的事情，他们只是需要更多的机会练习。

每个等级中，父母的应对方式都有区别，通过这些方式，孩子将学会如何表达自己的感受，运用同理心去倾听，寻求双赢的解决方案，以尊重的方式解决问题。这是冲突带给孩子的意义和价值，最为重要的是，从这些冲突中学到的方法会对他们长大成人后的生活产生影响。

• 角色扮演

之前我谈到，孩子是右脑占主导的，这就意味着他们需要通过体验、情绪参与的方式来吸收和内化社交技能，而角色扮演就是其中的一种方式。

很多人向我咨询："我的孩子不知道怎样加入小伙伴当中，他只会远远地观望，想去又不敢去。"

对于这种情况，你可以用角色扮演来代替简单的语言指导，让孩子从体验中学习技能。

你可以选择两个小玩偶或者指偶，把你要教给孩子的技巧演给他看。假设小熊很想和小兔子玩，但是不知道该怎么加入进去，这时你可以把小熊演得笨笨的、很可爱的样子：

"啊，好想和它玩啊，可是我该怎么说呢？"

"哦，想起来了，妈妈说过，我可以照着它做的事情去做。"

然后，让小熊走到小兔子旁边，照着小兔子的样子开始搭积木。重复扮演这个游戏，等孩子能够掌握这个技能以后，再演给他交换、等待的技巧。

等这些技能都掌握了，慢慢再加深难度，教会孩子被拒绝时该怎么办。比如，小熊被小兔子拒绝了，它并没有哭，而是转身就去找另一只小熊玩了，等等。

总之，你的"表演"会让孩子有机会看到更多的可能性，同时，引导孩子也参与角色扮演，让他在体验中学习这些技能。

有人向我咨询："我的孩子经常被小朋友打，但他不知道该如何处理。"

你也可以和孩子用玩偶来练习如何处理这种情况，比如教小熊用坚定的语气说"不"。小孩子对语气、态度都非常敏感，仅仅一个"不"字，既便于掌握，又可以起到很好的震慑作用。

对于总是打人的孩子也一样，你可以在角色扮演的过程中让孩子练习用语言来表达，而不是用手。

对于角色扮演，你需要掌握几个小技巧：

选择玩偶。 选择动物玩偶有两个好处：一方面，生动有趣，孩子喜欢；另一方面，不容易给孩子造成压力，像做游戏一样，孩子可以轻松愉快地吸收技能。而在这期间，如果你把力大无穷的小熊、大象或大灰狼设计成傻傻、笨笨的形象，那就更容易降低孩子的压力，引发孩子的兴趣。

由浅入深。 从一个技能开始，由浅入深地练习，不要一下子全部教给孩子，那会让他觉得混乱。

重复。 孩子的理解能力有限，有时候，你可能会因为他淡定的外表误以为他理解了，其实未必如此。要尽可能多地重复你们角色演练的游戏，直到孩子真的掌握技能。

实践重于扮演。 角色扮演让孩子熟悉方法，但实践才是掌握方法的根本方式，所以，我一再强调要为孩子尽可能多地创造社交机会。在户外时，你可以带着他的小熊玩具，鼓励他去尝试你们角色扮演中运用的方式。如果孩子还是犹豫不决的话，你可以问他："这时候，小熊会怎么说呢？好，那你带着小熊去好吗？"如果孩子还是做不到，也没有关系，你们可以再耐心等待，也许有一天，孩子会突然给你惊喜。当然，你也可以继续做示范，孩子经历的成功体验越多，他对于社交的信心就会越大。

·适度参与，适时撤出

有时候，你需要参与进去，给予孩子支持，当孩子可以较为熟练地运用一定的社交技能以后，再适时撤出。

一个 6 岁的男孩在海洋球池里独自玩耍，一个陌生的孩子突然用海洋球砸了他一下。小男孩生气地喊："不可以打我！"他把另一个孩子想要和他玩的意愿当成了恶意的攻击。那个孩子并没有因为小男孩生气而停下来，而是又朝他扔了一个球。

小男孩的妈妈看到这一切，判断那个孩子并不是要打她的儿子，而是想和他玩。她希望儿子在社交方面的敏感性再降低一些，于是她拿起两个球，扔了一下自己的儿子，又扔了一下那个孩子，并对他们说："你们肯定扔不到我。"于是，这个游戏变成了三个人的游戏，只不过两个男孩子现在变成了一个团队。当两个孩子玩得比较投入的时候，这位妈妈便慢慢地撤了出来。

孩子应该怎样与陌生小朋友接触，是我常常收到的咨询问题。

你需要创设更多孩子与小朋友接触的机会，同时参与进去。通过你带给他的安全感，让孩子觉得环境和人是安全的，当孩子融入进去后自己再适时撤出。

比如，3 岁以内的孩子可以玩 3 人传球的游戏。起先，妈妈作为核心把球分别踢给自己的孩子和另外的小朋友，再让他们分别踢回给自己。慢慢地，当孩子玩得比较投入、放松的时候，妈妈就可以改变玩法，比如 3 个人轮流传球，这样就可以很自然地创造两个孩子之间的联系。再接下来，如果孩子们已经比较熟悉了，并且玩得很放松，妈妈就可以适时撤出了。

对于四五岁的孩子，你还可以多创造一些多人玩耍的机会，比如多人飞盘游戏、传球游戏、"木头人""三个字"等游戏，这些游戏都可以让孩子在欢乐中慢慢习惯与人互动。

- **综合运用，处理社交问题**

当遇到孩子的一些复杂的社交问题时，你还需要将以往学习到的方法融会贯通起来。

一位妈妈焦虑地向我描述了孩子的问题：孩子在幼儿园里被老师认为是"问题儿童"。老师告诉她，这个孩子根本没有办法教，他的问题不断，比如抢其他孩子的东西、推人、打人。而最大的问题是，当老师向他说明他给别人造成的影响时，他表现得一点儿都不在意。

在向这位妈妈深入了解了一些信息，诸如孩子平时在家和别人接触时是怎样的、孩子是否有固定玩伴、父母的教养方式是什么类型等之后，我告诉她：事实上，孩子知道他的行为产生了怎样的后果，也知道他给别人带来了伤害。

孩子之所以表现得无所谓，有两方面的原因。一是自我保护，因为一旦承认和正视了自己伤害他人的行为，他就要经历内疚的情绪或者被成人指责，而他不想经历这些，所以他想保护自己远离有可能引起这些情绪的事情；二是孩子在社交方面遇到了障碍，很多这样表现的孩子都有过被同伴拒绝的经历，同伴的不接纳让他们失去社交的信心。因此他们更在乎自己抢到了什么玩具、抢到了什么位置、如何在同伴关系中获胜，这样做不但让他们感觉自己更加强大，还让他们赢得了伙伴们的关注——尽管这并不是一种良性的关注。越是这样，他们越会交不到朋友，最后形成一个恶性的循环。

基于此，我向这位妈妈提了几点建议：

改变家庭教养的模式。他们以往的家庭教育模式是属于独裁型的，接下来需要改变这种模式。比如，当孩子表现良好时，予以鼓励；当孩子表现不好时，引导孩子解决问题。通过"地板时光"给孩子高质量的陪伴，增强与孩子之间的亲密关系。孩子只有感受到友好亲密，才会用这样的方式去对待别人。

参与进去，帮助孩子提升社交技能。比如帮他物色伙伴，和他玩角色扮演的游戏，利用"社交干预模型"来有针对性地对孩子给予帮助。

当孩子在社交方面出现好的行为时，及时给予鼓励。比如当孩子做出分享、用语言代替推和打等行为时，妈妈要具体地描述出孩子值得赞赏的行为，鼓励孩子。

两个月以后，当这位妈妈再次找到我时，她显得非常开心。她说孩子的老师对孩子的改变非常惊喜，他几乎不再推人和打人，还主动把玩具分享给小朋友，看到其他孩子的积木倒了时还会主动帮忙，而且别的孩子也开始喜欢和他交往了。虽然偶尔他还会有控制不住自己推人和打人的时候，但他马上就会意识到自己还可以有更好的做法，一切都在向好的方向发展。

这位妈妈再次向我们证明了，没有有问题的孩子，只有遇到问题无法独自处理而需要我们帮助的孩子。

尽管在这个部分，我们一直在讲技能，但我还是想再次强调，人是社会性动物，天生就渴望与他人交往。为了更具适应性地进化和发展，我们的基因中就已经印刻了社交的能力，只要父母与孩子在交往过程中是积极有爱的，那么孩子自然而然就会拥有基本的社交能力。在这个基础上，再根据孩子的需要给予适度的支持与帮助，他们就一定会享受到与人交往的快乐和幸福。

第三部分

引导而非控制的方法

第 11 章
惩罚和控制并不会教给孩子正确的行为

当有父母因为孩子不听话的问题来咨询时,我问他们会怎么处理:

"罚他。"

"让他反省。"

"不让他看动画片。"

"冷处理,不再理他。"

以上无论轻重,都是对孩子的"惩罚"。这里所指的"惩罚",包括身体以及心理上的惩罚,通过剥夺让孩子感到痛苦,比如收起他的玩具,不许他周末去玩,通过冷战让他感觉安全和爱被剥夺等。

父母期望通过惩罚孩子让他们更加听话,期望他们可以通过惩罚接受教训、学到东西。实际上,惩罚往往会为孩子带来很多负面影响。

惩罚的反效果

2002年，伊丽莎白·格肖夫博士通过对60年来的儿童体罚教育研究资料进行分析，发现体罚的唯一优点是孩子会马上服从。

事实上，其他惩罚也是如此，可能会让孩子马上服从，这也是我们习惯运用惩罚的原因。然而随之而来的是更多的消极影响。在此，我必须强调一下，所有的影响都是由很多潜在因素共同决定的，被惩罚的孩子是否会受到消极的影响取决于很多因素，但是这些影响的确会为孩子的成长带来很多风险。

·惩罚为孩子提供错误示范

当孩子犯了错误，我们用惩罚的方式向他"示范"：不要寻求积极解决问题的方法，我并不信任你能做到，只有随心所欲的吼叫和惩罚才能解决问题。所以，我们经常能看到当父母惩罚完大宝，大宝转而去"惩罚"二宝的情形，我们看不惯这样的行为，却没有意识到其实正是我们的"榜样作用"教会了他这些。

·惩罚只针对行为，而忽略了行为背后的感受和需要

我们会去惩罚一个哭闹、与我们对着干的孩子，却忽略了孩子控制冲动、表达需求的有限能力，忽视孩子行为背后的原因，仅以表面的理解来对待他们。相应地，表面上孩子不哭不闹了，或者停止了错误行为，但根源问题还在，孩子还有可能因此演化出更多

的"问题"行为。

·惩罚是一种干扰，让"理性大脑"停止工作

一位女士曾和我分享，她记得小时候妈妈罚她洗了一大盆的衣服，却忘了妈妈当时为什么罚她，忘了自己当时犯了什么错误。惩罚让愤怒或恐惧的情绪占了上风，事实上，这造成了一种干扰，会使孩子所有的精力都放在恐惧或者与你的对抗上，导致他们的"理性大脑"停止工作，无法集中精力在承担责任和解决问题上。甚至很多孩子在接受惩罚以后，认为自己已经承担后果了，反而消除了对不当行为的内疚。

·惩罚可能会让孩子抵触界限

当你因孩子触犯界限而惩罚他的时候，他对界限不会有什么好印象。因为每次想到规则界限的时候，他从记忆中所提取出来的信息都是恐惧等负面情绪。为了逃避不好的感受，他会对本应遵守的界限感到抵触。例如，每次收玩具的场景都是充满对抗的和让他不安的，那收玩具这件事就会演变成一个问题，进而让孩子抵触规则，因为情绪记忆会深深影响一个人的行为。所以，惩罚反而剥夺了孩子学习自律的机会。

从上面的内容中，你可以看到惩罚的诸多消极影响。也有父母选用更"开明"的隔离和反省的方式让孩子从错误中学习，效果又如何呢？

重新看待隔离和反省

"如果不惩罚孩子,可以选择隔离、反省的方式吗?"

事实上,这仍然是一种惩罚。

什么是隔离和反省呢?隔离,也被称为"关禁闭",一般是选择让孩子独自待在一个房间里。反省,又被称为"暂停",孩子被要求暂停他们的错误行为,在一个固定的角落,坐在淘气椅或者淘气毯上反省他们的错误,有时候,还会有时间的限制,比如3分钟等。还有一种更为缓和的方式,即平和坚定式的——孩子犯了错误后,父母会平和坚定地要求孩子隔离或反省。

那么,这些方法会带给孩子什么样的体验和影响呢?

第一,先思考一下,为什么要让孩子隔离与反省?

我们期望暂停孩子激烈的行为和情绪,让他们能够反思错误,并且记住教训。然而在隔离和反省的过程中,我们是否真的能够达成这些目标呢?

假设,一个3岁的孩子因生气而摔了玩具,我们让他到角落里反省。如果孩子想提前离开的话,我们会平和、坚定地带他回来。

通常,孩子会有几种反应。有的孩子在这个过程中觉得很委屈,偷偷地抹眼泪,或者感觉害怕,呼喊妈妈;有的孩子会愤怒地对抗,他们可能会用脚踢墙;还有的孩子是麻木的,他一会儿抠抠身后的墙,一会儿看看天花板,希望把这段时间"混"过去。

隔离和反省很有可能会激活孩子大脑中的本能区域,这时,负责理性思考的大脑区域是不工作的。所以,反省中的孩子会把精力都放在对情绪的处理上,他们不会思考"今后我还有哪些更合适的做法"。

第二,隔离和反省会折损孩子的安全感。

当处于隔离和反省时,孩子在情绪上是被孤立的,丹尼尔·西格尔博士曾谈道,"隔离和反省会迫使孩子独自面对情绪,内心产生一种被孤立感,孩子之所以服从,并不是因为他们从理性上认识到错误并主动纠正,而是因为害怕那种被孤立、被冷落的感觉"。事实上很多孩子在这一刻都很容易产生被孤立的感觉,特别是3岁以前的孩子,这种感受会破坏孩子的安全感。

第三,隔离和反省会形成"他律",而非"自律"。

研究表明,控制型的方式不可能促成自律,反而会使孩子逐渐学会偷着去做一些事情。这会让孩子形成"他律"的习惯,没有约束就不会去做,甚至逃避约束去满足自己的一些需要。所以,隔离和反省表面上会让孩子镇定下来，实际上却是在培养"他律"，并不会让孩子发自内心地与我们合作。

第四，隔离和反省并不能真正让孩子理解并改正错误。

有人说，孩子还小，理解的能力有限，所以才要通过反省让他们理解。事实上，正因为孩子的理解能力有限，我们才要让他们有更多的机会通过真实的体验来理解，而非仅仅通过我们的语言。

假设孩子扔了玩具，玩具坏了，而你要求他先隔离和反省，那么他更有可能会把扔的行为和淘气椅对应上关系。如果孩子每次犯了错误都被隔离和反省，那么他会生成这样的经验：等待他的结果是那把椅子，为此付出（坐淘气椅的）代价。反之，如果孩子每次扔坏玩具，你都让他负责修好玩具，修不好就要面对行为的自然后果——再也得不到原来的玩具，这种方式就会让他体会到：扔东西的行为是与承担责任和解决问题画等号的。

另外，还有一种家长常用的"表达爱"的方式，即在执行隔离和反省的过程中拥抱孩子，并且表达爱，温和而坚定地要求孩子反省。

那么，如果你是这个孩子，你会不会感到困惑："妈妈，你既然爱我，为什么一定要让我独自在这个反省椅上坐着呢？"表达爱和拥抱没有错，但在孩子犯了错误以后，我们更需要先帮助他梳理引发错误行为的情绪，同时让他有机会承担责任和解决问题，这不是反省几分钟再拥抱和表达爱就可以解决的，这样反而画蛇添足。

凡是针对孩子需要的教育都可以走进孩子的内心，而针对孩子行为的做法则不会。

与其说孩子需要"暂停",倒不如说他们需要"重新开始"。这意味着在某些情况下,我们不会让孩子独自面对情绪,也意味着我们在孩子情绪平静下来以后,并不会在他们与他们的"错误"之间画上句号。

无论是惩罚、隔离或是反省,我们教育孩子的形式都不是最主要的,重要的是孩子是否真正理解行为与结果之间的关系,是否承担了责任、解决了问题,并且依然相信自我价值。

该如何面对及引导孩子处理成长过程中的问题?成为积极引导型父母能给你一个全新的答案。

第 12 章

以支持为导向，成为支持引导型父母

当孩子不听话时，你是不是先是好好说，好好说了不听你就开始喊了，喊了不听就开始揍了？

在读完了前两个部分，你可能会有一些新的想法，你会看到孩子"不听话"的行为背后有着很多感受和需求，即使是问题行为，也可能是孩子有些心理需求未被满足的信号，你可能会变得更加接纳孩子。但是，光有接纳还不够，我们还需要引导孩子的行为。在这个部分里，我会给到你除了惩罚以外的更多选择，我们一起来聊聊引导而非控制的方法，因为我们养育孩子的最终目标是让他们成为一个独立的个体。

成为支持引导型父母的方法

父母的四种教养类型

作为父母，你可能会觉得自己容易控制孩子，却很难控制住自己不去"控制",脱口而出就是一些威胁、否定、责备的话。你也可能会觉得自己很容易溺爱孩子,总是没有界限,甚至都不知道到底什么才是界限。

事实上,每个人的教养类型都是不同的,不同的类型对于孩子来说有着不同的影响,而教养类型是可以调整的。

早在20世纪60年代,戴安娜·鲍姆林德经过一系列研究,按照"期望"与"支持"两个维度进行划分,总结出父母的四种教养类型,分别是专制型、权威型、忽视型和放纵型。

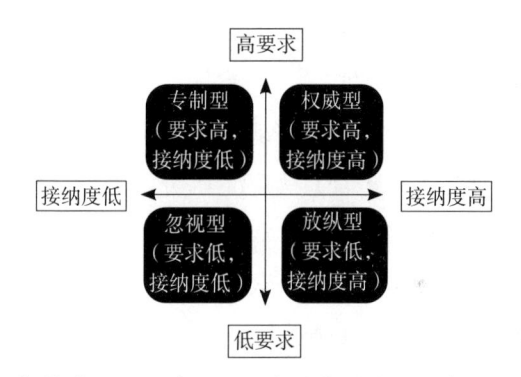

```
                    高要求
                      ↑
         ┌─────────┬─────────┐
         │  专制型  │  权威型  │
         │ (要求高, │ (要求高, │
         │ 接纳度低)│ 接纳度高)│
接纳度低 ←┼─────────┼─────────┼→ 接纳度高
         │  忽视型  │  放纵型  │
         │ (要求低, │ (要求低, │
         │ 接纳度低)│ 接纳度高)│
         └─────────┴─────────┘
                      ↓
                    低要求
```

专制型父母:对孩子仅有过高的期望,却不为孩子提供帮助与支持,如果孩子做不到就会吼叫、批评、责备,甚至惩罚。放纵型父母:尽量满足孩子一切需求,帮他们搞定所有的事情,对孩子仅有支持,没有期望。忽视型父母:对孩子既没有期望,也没有支持,对孩子漠不关心。权威型父母:对孩子有合理的期望,也会提供必要的支持。他们把孩子看成是有能力的人,既接纳孩子,又引导孩子,在两者之间能很好地平衡。

本文提到的"支持引导型父母",主要指权威型教养方式的父母,即父母对孩子既有高期望,也有高支持。

思考对以下场景的应对,看看你是哪一种教养类型。

孩子一生气就摔东西,玩具被摔坏之后,他又哭着要求你再买新的玩具。

对于这种情况,专制型父母会对着孩子大吼:"告诉你多少次了,生气不可以乱扔东西,以后我再也不给你买玩具了,去好好反省一下,你这样做对不对!"

这种方式让孩子学会了什么呢?他并没有学会生气虽然正常,但摔东西的行为是要调整的。妈妈的吼叫会让他积聚更多的情绪,他变得更加情绪化,要么逆反,要么退缩。

放纵型父母,则可能对孩子说:"好,好,再给你买一个,别哭了,不过下不为例哦!以后不可以乱发脾气扔东西了!"

放纵型的方式也不会让孩子有所成长。每当有情绪的时候,妈妈都会急着哄好他,这使他没有机会经历痛苦,让他变得没有韧性,无法面对挫折和挑战。而且他也发现玩具扔坏了还可以再买,他不需要承担责任和解决问题。同时,与专制型的方式相同的是,他也同样没有机会释放情绪。情绪每当来临时,都会被父母急于"哄"回去,这些得不到释放的情绪会让他变得更容易情绪化。

忽视型父母是对孩子成长最为不利的一种类型。父母可能连孩子生气了都没有发现,也不会安抚孩子的情绪。这样的孩子,会习惯用消极的方式来寻求关注，他们也会同样表现得冷漠，不会和别人表达自己的感受，无法与别人发展亲密关系。

支持引导型父母会怎么做呢？

他们会把感受和行为区分开，一方面接纳孩子的感受，"你刚刚很生气，所以你扔了玩具。"另一方面也会引导孩子的行为，等他的大脑恢复平静，然后鼓励孩子试着把玩具修好，如果修不好，也不会重新买给他，这样可以让孩子承担行为的自然后果，如果孩子哭，他们也会接纳孩子，并倾听他内心的痛苦。

支持引导型父母，不仅会对孩子当下的行为做出反应，还会把眼光放得更长远。他们会思考孩子行为背后的原因：是孩子的语言发展不成熟，是自己给孩子做了不好的示范，还是因为弟弟妹妹的出生让孩子觉得恐惧不安而积压了负面情绪？当思考了孩子的需求以后，他们会尝试给予孩子支持，并且在这个过程中给予孩子鼓励，把每个问题都转变成孩子成长的机会。

当然，做支持引导型父母，不是那么容易的事情，需要我们做出很多努力。接下来，我们再来介绍两种方法，以帮助我们更好地对孩子予以支持。

支持引导孩子的方法

·弥补过失

当孩子犯错的时候，我们可以引导孩子修正错误。

记得我儿子小时候，有一天老师告诉我，儿子把小朋友的手腕咬了一个深深的牙印。我突然想到，前一天有个亲戚逗他玩，在他的手腕上轻轻地咬了个牙印，告诉他这是送他的一块"表"。很有可能，他也用同样的方式送给这个小朋友一块"表"，只是他还把握不好力度。

可是，事情已经发生了，怎么办呢？我对他说："看起来，那个小朋友很疼，我们可以做些什么让他好受一点呢？"儿子马上想到说："给他好吃的吧。"于是，我们一起去买了些零食，又去药店买了涂抹的药和创可贴一起送到幼儿园。儿子主动道了歉，还跟那位小朋友和老师解释了原因。

事后和儿子沟通，他也明白了咬人是不可以的，会让别人受伤。

当孩子犯了错误时，我们可以先不急于批评、指责，了解下原因，然后向前一步，弥补过失和解决问题，做我们能做的事情比止步不前更重要。

·对事不对人

（孩子不小心将牛奶弄洒在桌子上。）

方式 A："你把牛奶弄洒了，去拿抹布擦一下吧。"

方式 B："牛奶洒了，去拿抹布擦一下吧。"

如果是你，听到哪一句话，会更愿意去行动呢？

两种表达方式不同，给人的感受也不同。第一句话针对的是人——你把牛奶弄洒了，而第二句针对的是事——牛奶洒了。

另外，第一种问责的方式，会让孩子下意识地推卸责任。比如，看见糖罐的盖子开着，我们会问："这是谁吃的？"面对打碎的台灯，我们会明知故问："这是谁干的？"孩子都会赶紧说："不是我。"一不小心，你就诱导了孩子说谎。以后，我们可以把这种对人"问责"的话改成"对事"的方式。

我的一位学员是二胎妈妈，她分享了家里的一件趣事：

> 早上刷牙，我发现镜子上有牙膏画的涂鸦，说白了又是那两个淘气鬼的"作品"。我仍旧像往常一样脱口而出："这是谁画的？"老大抢答："不是我，是小石头。"
>
> 这话怎么听起来这么熟悉？我突然意识到自己的问法错了，需要换个问法。
>
> "哎呀，我看到镜子上有个不规则形状，很像四边形哦！"还没等我说完，小石头就抢着说："我，是我画的，不错吧？"
>
> 我接着点头说："嗯，是不错！你很开心在镜子上画画，是吧？那么现在能不能拿抹布擦一下呀？"
>
> 这下，小石头马上跑到厨房拿湿毛巾擦了。

好的沟通技巧不但可以化解冲突和矛盾，还会促成合作。

有些孩子在犯错时会说："这不是我干的。"特别是在二胎家庭，孩子们经常会互相推脱责任，这时候，不妨告诉孩子们："不管是谁的责任，先把问题解决了。"或者告诉他们："现在不是追究责任的时候，要先解决问题，你们想到了什么办法吗？"

等问题解决之后，我们再和孩子探讨责任问题，因为孩子参与了问题解决的过程之后，会对自己更有信心，也更愿意去和父母一起探讨责任。

对于一些听不得别人批评的孩子，你可以不断地告诉他们："我们是想让你调整做事的方法，并不是你不好，爸爸妈妈仍然爱你。"这样可以帮助孩子不再害怕承认错误，而是积极地寻求解决办法。

允许孩子承担行为的自然后果

"孩子不肯收玩具，又不可以对着他惩罚和吼叫，那总得让他承担一些后果吧？"家长问道。

"你打算怎么让他承担呢？"

"把他的玩具收起来，一个星期不准他玩儿。"

"你觉得他因此学会了什么呢？"

"学会了玩具玩完了一定要收。"

我继续说道："那么他是因为害怕玩具被没收，而不是把收玩具当成一项自律的工作，等有一天他玩够了这些玩具的时候，即使你把玩具扔掉他也不会在乎。"

即使我们改变了措辞，把没收玩具称为承担后果，事实上仍然是在惩罚孩子。孩子的确应该为他们的行为承担一定的后果，但这些后果不应该是家长人为添加的，而是在生活的经验中让他们自然而然体会和学习的。

因此，不允许看电视、看 iPad、玩游戏、吃冰激凌，不讲睡前故事，这些取决于父母心情的做法都是人为干预的，并不是生活中自然而然让孩子体验到的后果。

此外，父母的过度保护也会剥夺孩子体验自然后果，阻碍他们成长的机会。有些父母害怕孩子在水泥地上摔跤而不允许他们奔跑，担心打打闹闹会受伤而不允许孩子之间正常的嬉戏打闹。父母们忽略了一个非常重要的事实，孩子只有通过不断的尝试才能找到合适的尺度，只要没有危险就要允许孩子去体验和尝试，这也是对自然后果唯一的限制。

这些孩子的父母在历练和溺爱之间选择了溺爱孩子，他们很有可能在孩子长大以后给他们送去忘记带的作业，苦口婆心地叫睡懒觉的孩子起床，而不习惯让孩子去体验行为带来的自然后果。

承担行为自然后果的主要目的是让孩子理解行为与结果之间的关系，并且让他们有机会承担责任及体验学习。但如何让承担行为的自然后果不演变为惩罚，需要把握几个原则：

相关性。孩子生气扔了玩具与不让他看动画片、不讲睡前故事无关，而与修好玩具或再也玩不到这个玩具这种承担责任、解决问题的后果相关。

合理性。如果孩子不收玩具，你不要说"以后再也不让你玩了"，因为这样既不现实，也不合理。

非愤怒。如果你带着愤怒的情绪和孩子沟通自然发生的后果，那么就有可能走上惩罚的道路，你的态度应该是平和而坚定的。

行为背后的原因。如果你发现孩子扔东西的行为背后有尚未满足的需求，比如寻求关注、寻求独立，或者释放焦虑的情绪等等，除了允许孩子承担行为的自然后果以外，你还需要根据孩子的需求提供适当的帮助。

优先考虑积极的引导方式。并不是每一件事情都有机会上升到"自然后果"的层面，我们之前谈到的所有方法都有可能帮你解决现在所面临的问题。所以，对于一个不吃饭的孩子你不见得一定要饿他到下一顿，吃饭这件事是人类的本能，没有人天生喜欢在吃饭这件事情上较劲，除非吃饭让他感觉到有压力或者受到过多约束。那么，你在还没有饿他到下一顿之前就可以选择积极的方式，在很多方面做调整，比如让吃饭的氛围更轻松，在饭前控制一下零食的摄入，请孩子和你一起制定菜谱，或者用游戏、幽默的方式让孩子来到餐桌等。可能你都来不及让孩子承担行为的自然后果，问题就已经迎刃而解了。

与犯错后以惩罚应对相比，孩子其实更需要合理的设限及适度的支持。当我们带着同理心和一致性来引导孩子时，他们会更自律、更有责任心。支持并不代表过度保护，作为父母，我们仍然保有界限，孩子在父母的帮助下控制冲动，停止不当的行为，承担自己的行为带来的自然后果，在其中体验、学习和实现逐步成长。

第 13 章

有效引导的方法——"RULER 沟通模型"

读到这里,你可能已经尝试过本书提出的一些原则和方法,体会到育儿也可以是轻松的过程,你也可能会发现,孩子的一些问题依然没有得到解决,或者反反复复发生。这都是正常的,一方面,你需要意识到任何事物都是不断发展的,偶尔的反复非常正常,改变需要过程和时间;另一方面,任何一个问题都不是只由一个原因形成,或者由某一个方法、工具就能解决的,而是受到综合因素的影响。所以,接下来,你需要把所有沟通技巧融会贯通起来,继续不断实践,只要大的方向是好的,改变就会不断发生。

前面我们探讨了要用引导来代替控制,而在成为"支持引导型"父母的道路上,我们可以运用一个更便于大家实际操作的系统性方法——支持引导型沟通的五步法,它也被称为"RULER 沟通模型",包括情感联结(relationship)、读懂需求(understanding)、积极引导(lead)、重复练习(exercise)和正向强化(reinforcement)。希望通过对五步法的讲解,能帮你把之前所学到的方法融会贯通起来,学会综合地处理问题。

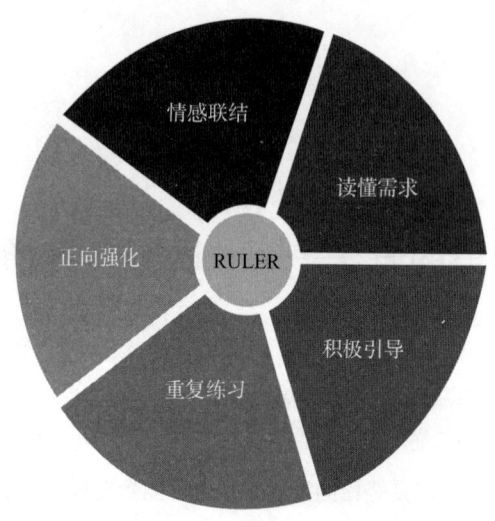

（图中文字：情感联结、读懂需求、积极引导、重复练习、正向强化、RULER）

接下来，我们分别来谈一谈这五步方法。

🧸 支持引导型沟通的五步法

情感联结

我们之前聊到过很多育儿技巧，它们可以一定程度上帮到你，让你的育儿过程更加轻松顺畅，更重要的是，让你和孩子拥有更为紧密的亲子关系。

事实上，我们与孩子接触的每一个当下，情感联结都很重要。当你想纠正孩子的行为时，请确保你和他有良好的关系基础，并且以不伤害彼此关系为前提与孩子沟通。

要与孩子发生联结，需要你具备"调频"的能力，调频意味着你需要把自己调整到与孩子平等的角度来沟通，而不是高高在上地批评和责备；意味着你需要理解他们的感受和需要；还意味着你需要保持和孩子的情感联结，而且当联结断裂时能及时修复好它。

所以，在情感联结的部分，你可以整合之前学到的所有内容，无论是第一部分的"读懂孩子的情绪"，还是第二部分的"读懂孩子的需求"，都可以帮助到你。特别是之前介绍的"地板时光"，它可以有效地帮助你与孩子保持联结。

事实上，联结无处不在，一句共情的话语、一个鼓励的眼神、一个关怀的动作都是联结。当孩子哭闹时，你表示出理解、共情，这就是建立关系的小小举动。当然，你不需要时时刻刻都与孩子保持同频，如果你们的频率偶尔错开也没有关系。保持与孩子联结的意愿，愿意继续尝试才是最重要的。

一位妈妈曾经发给我一段话，每每看到都让我非常感动。

> 我是一个二胎妈妈，大宝4岁半。一天中午，我陪大宝午睡，我躺在床上抱着他，亲了他的额头一口，接着又亲了两口。等到我亲完躺回床上时，竟然发现孩子眼角滚落了一滴眼泪。当时我还诧异地说："干吗哭呀？"可大宝还是一副情不自已的样子……想到老师讲的情感联结，我忍不住泪如雨下，觉得愧对孩子太久了。这一年多来都没能与他有效地联结。随后的很长一段时间，我都用课程里提到的"地板时光"来陪大宝。比起他的行为，我把和他的关系放到了第一

位。大宝变得越来越开朗自信、乐于合作了。我现在明白了，正如老师所说，一切问题都是关系的问题。

是的，一切问题都是关系的问题。很多情况下，就像这位妈妈一样，你不需要刻意花费精力帮助孩子提升自信、使他乐于合作，或者专门改变孩子某一个问题——只要与孩子有效地联结，保持情感的联结，孩子就会拥有主动成长的动力，并给你惊喜，这源自关系带来的力量。

一次，我在整理讲座的课件，我的儿子小米看到"打孩子的后果"那一页PPT，他问我："妈妈，为什么有人会打孩子呢？"我说"你觉得呢？"他想想，告诉我："因为他们不爱自己的孩子？"我告诉他："每个人都爱自己的孩子。"他又想想说："那是不是因为他们的孩子不听话？"我点点头说："有时候是"。他又问："可我有时候也不听话，你和爸爸从来没有打过我呀？"还没等我回答，他就一脸幸福地抱着我说："妈妈，我好爱你……"其实我很想告诉他"比起你听不听话，我更在乎我们之间的信任和关系"。

惩罚不会促成孩子自律，但关系可以。有时候，我们很容易花大量的工夫在让孩子达成某个目标、完成某件事情上，而忽略了孩子还是一个有情感、有血有肉的人。前不久，在我出差的前一天晚上，我打算给儿子写一段话，拿起笔本能地想写上"妈妈要出差了，周日回来，别忘了写好作业，练好钢琴"。但最终落下来的只有一句话"我爱你，我会想着你的"。我回来的时候，发现儿子自己安排好了该做的所有事情。

在真实的、有意义的联结下，孩子才有可能自然而然地调整他们的行为，在此之后，父母最需要做的是看清他们的真实需求，而不是仅仅看重他们表面的行为。

读懂需求

在前面的两个部分中，我们谈到了安全感、关注、独立、技能等方面的需求。你会发现，当你开始调整自己的认知，更多元化地从孩子需求的角度出发时，你解决问题的态度也会变得更温和，你的思路也会更加开阔。

从孩子需求的角度出发，需要你有观察和思考的能力。孩子与成人不同，他们的需求比成人更丰富，却因为各项能力有限而无法直接表达出来，所以，我们不能粗略地看待孩子的各种需求，有时即使是一个简单的行为，它背后的需求也可能是错综复杂的。

关于需求的部分，以一个入睡困难的孩子为例，我们来罗列一下他可能的需求。

生理需求：孩子户外时间少，能量没得到释放；孩子在入睡前一个小时看了电子产品，影响了睡眠激素即褪黑素的分泌；孩子下午入睡的时间过晚，导致生物钟出现偏差。

安全感的需求：家庭关系不和谐，特别是夫妻关系。紧张的关系让孩子焦虑，影响入睡。

关注的需求：妈妈平时上班，晚上回来又在忙家务，没有高质量的陪伴。孩子想多黏妈妈一会儿，舍不得睡。

技能的需要：孩子因为某些事情积累了焦虑的情绪，又因为调节情绪的能力有限，导致情绪的积累影响入睡。哄孩子入睡的确很考验人的耐心，很多妈妈反馈陪睡一个多小时了，孩子还在翻腾。有些妈妈会耐不住性子吼孩子，结果孩子要么哭着睡着，要么变得更加难以入睡，吼叫可能加重了孩子的焦虑。

如果你了解到上述的这些需求，你就更能够理解孩子，转而尝试各种帮助孩子放松的方式，陪孩子度过入睡困难的阶段。

当然，虽然罗列了这么多需求，但是你也不可能像心理专家一样时时解读孩子，这些需求仅仅是让你的认知和信念更加开阔。当只盯着孩子某一个行为问题时，你就会变得焦虑烦躁，而当你开始思考更多的可能性时，一切会变得不同。即使你只想到了一种其他的可能性也没有关系，你的心会开始变得柔软起来，你会不再只盯着问题，转而去尝试更多的选择，这为接下来的积极沟通铺就了道路。

积极引导

我们需要理解孩子的需求，但这并不代表要一味地接纳孩子。除了尊重和接纳，我们还需要加上一些积极的引导，以此来支持孩子的成长。

我们在前面所谈到的所有方法都是积极引导的方法，只不过在使用的时候，需要注重方法的融会贯通。你可以尝试把本书中谈到的一些方法结合起来使用。这里我使用第14章提到的"磨蹭"的例子，你可以尝试将你在本书中学到的以下方法融会贯通，解决这个问题：

利用"地板时光"与孩子创造联结时刻。 提供高质量的陪伴，情感联结永远是第一步。

承认并描述孩子的感受。 比如对孩子说："你还舍不得放下搭好的积木。"

帮助孩子描述愿望和需要。 比如，对孩子说："你希望能再多玩一会儿。"

用轻松的方式帮助孩子面对情绪。 比如，对孩子说："真希望可以永远不用睡觉，要是有这样的魔法就好啦。"

顺应孩子的需要。 尊重孩子的节奏，当他专注地做一件事时，除非紧急的情况，否则尽量不要干扰他，允许他把事情做完。比如出门前，可以提前做好准备，提醒孩子，以及多给他一些时间搭完手里的积木。

选择替代方案。 假设孩子在早上起床后希望你陪他玩一会儿才起来，你可以给他一些替代的选择，比如："我们去卫生间玩赶走牙齿怪兽的游戏吧。"假设孩子还没玩够他的玩具而你要出门了，你可以让他把玩具带到车上，玩"带玩具出去购物"的游戏。如果你想第二天早点儿出门，那么你可以提前一天装好孩子的书包，准备好孩子要穿的衣服或要带的东西。这既是一个替代性的方案，也是一个良好的时间管理习惯。

用"是"来代替"不"。 把"不要磨蹭了，你怎么还不穿鞋"换成"你穿好衣服了，就差穿鞋了"，或者提醒他："接下来该干吗呢？"你要把目光放在孩子还可以做哪些事情上。比如，你可以把"如果你磨蹭，我们就不讲睡前故事了"换成"你现在快去洗漱，我们可以早点儿讲你选的睡前故事"。少跟孩子说磨蹭的坏处，多强调效率高的好处。

为孩子提供选择。 比如："你想让妈妈叫醒你，还是让闹钟叫醒你？""你想在5分钟以后，还是10分钟以后出门？""还有5分钟就回家了，你想接着玩滑梯，还是去荡会儿秋千？"

运用轻松的游戏方式。 你可以和起床磨蹭的孩子玩"拥抱一分钟"的游戏。孩子很难从熟睡的状态过渡到理性状态，所以他们经常有"起床气"。你可以提前5分钟钻进他们的被窝，拥抱他们，帮助他们以游戏的方式渐渐醒来。

搭建脚手架。 如果孩子的技能不成熟，你可以帮他把任务划分成小的单元，然后再参与进去，为他提供必要的帮助，等到他熟练掌握技能以后再适时撤出。拿系扣子来举例，如果他系得不够熟练，希望妈妈能帮助自己，那么妈妈可以参与进去，但不一定全权代劳，而是帮他把扣子对准扣眼儿，然后鼓励他自己把扣子穿进去。总之，依据他的能力水平提供适度的帮助就好。

描述性的鼓励。 当孩子在时间管理方面有进步时，别忘了实时鼓励他。比如："今天你只用了2分钟就系完了鞋带，比上次提前了半分钟呢。"

提前告知孩子，说出自己的感受和期望。 比如，告诉孩子："我现在有一些担心，担心时间晚了，我们讲故事的时间会受影响，我希望你能按之前的约定，早点儿去洗漱。"如果真是重要而紧急的事情，也可以认真地蹲下来看着他的眼睛，用手搂着他的肩膀或触摸着他的身体和孩子说出期望。这样做，一方面是在提醒他，确保他听到了你说的；另一方面身体的接触也代表着一种联结，这会让你们更容易在沟通时保持联结和同步。

让孩子承担行为的自然后果。 孩子的理解能力有限，所以他们需要通过体验来理解行为和结果之间的关系。假设孩子依然起床磨蹭，那么他就只能在车上吃早饭，或带着早饭到幼儿园去吃；又或者只能由奶奶送他，你需要按时间去上班。假设孩子睡前磨蹭，超过了约定好的时间，那么你也可以温和地告诉他："今天晚了，我们明天早一些洗漱完再讲睡前故事。"

以上是本书在前面的章节中所提及的部分方法，我相信只要你认真思考，还会想出更多可以尝试的方法。需要强调的是，既然是方法，就一定会出现时而管用、时而失效的情况，这是正常的现象。我们要知道方法并不是唯一的，而是帮助我们增加育儿的选择。它也不是控制孩子的工具，孩子是人，不是机器，不是给了一个方法或工具就可以修理好，甚至保修上几年的。他们是有独立意识的人，渴望被尊重和信任。本书所介绍的方法虽然各具特点，却有着一个共同的特性——以尊重和信任孩子为前提。所以，即使你使用了上面所有的方法和一个磨蹭的孩子沟通，也可能依然不会见效。但是，孩子一定会感受到你的尊重和信任，这就是合作的前提。更为重要的是，在这个过程中越来越强有力的不是你的权威，而是你们之间的关系。

重复练习

在技能需求的部分，我们强调过重复的重要性，它是大脑获得历练的重要方式。

重复练习也是获得自律能力的途径。比如，当孩子面临电子产品的诱惑时，他需要选择玩还是不玩，选择是由他的大脑做出的决定，幼小的孩子是不具备抵御诱惑的能力的，因为他们的"理性大脑"尚未发育成熟，"理性大脑"中负责自控与决策的前额叶要到25岁才会发育成熟。通过前面各部分的内容，你已经知道，大脑像肌肉一样用进废退，我们需要通过重复练习塑造我们的大脑。如果想要"理性大脑"更加强健，我们就需要使"理性大脑"有更多机会获得历练，让它得以重复练习。

假设你和孩子约定玩30分钟电子游戏就不玩了，孩子就需要调动自律能力来遵守这个约定。如果此时他的"本能大脑"占了上风，那么他就很可能会无视你们的约定，想尽各种办法让自己玩下去。如果他的"理性大脑"占了上风，那么他就会选择放下电子游戏，转而去做别的事情。

运用"理性大脑"做出正确的选择是孩子获得自律能力的途径，每一次的自律练习都意味着要经历一次放弃与获得。孩子需要放弃电子游戏的诱惑，获得父母的陪伴，或者转而去做其他令他感兴趣、更有成就感的事情。孩子需要放弃玩耍去刷牙，获得牙齿的健康，或者获得打败"牙齿细菌"的成就感和乐趣。自律并不意味着一味地放弃，而是意味着获得其他有价值的东西。当然，这些有价值的东西中最重要的还是父母的情感支持，在孩子青少年期以前，没有什么比父母的情感支持更重要。

假设你要让一个在睡前磨蹭的孩子放下手里的玩具、上床睡觉，如果你是大吼大叫、推着孩子到卫生间去洗漱，孩子就不会获得重复练习自律的机会，因为是外力在促使他做这件事情，而且此刻的他要么感到害怕、要么感到愤怒，你激活的是他的"本能大脑"。如果换一种方式，你就有可能激活孩子的"理性大脑"。你可以对孩子表示理解："你现在还没玩够，你肯定希望可以一直玩下去。"你也可以给孩子选择："你想再玩5分钟，还是10分钟？""你想跑着到卫生间，还是妈妈扛着过去？"当然，很可能10分钟过后，孩子依然说"不"。这时，你可以温和坚定地说："现在到10分钟了，该睡觉了。"你也可以抱起他，像发射炮弹一样把他发射到床上。只要孩子感觉到被理解,并且关系没有被破坏,他就能够感受到你情感方面的支持,这都是在确保他"理性大脑"的运作,每发生一次这样的交互,孩子"理性大脑"神经回路中的自律就得到一次加强。

总之,重复地唠叨、责备、吼叫、惩罚,肯定不会历练孩子的"理性大脑",正相反,它们会不断激活他们的"本能大脑"。如果你希望孩子的"理性大脑"得到历练,那么你就需要给予孩子的"理性大脑"刻意练习的机会。比如,你需要让他重复体验到因为放弃电子游戏而有你陪伴的经历,或者体验到其他健康的兴趣给他带来的乐趣和价值,并让他有机会重复获得成就感、价值感和归属感。改变不会在一瞬间发生,但通过重复的历练,孩子的"理性大脑"就会得到发展,从而慢慢让孩子拥有自我调控的能力。

正向强化

当孩子经过了足够的重复练习,拥有了一些技能,做出了一些改变时,你就需要有发现优势的眼睛,给予孩子正强化,这会让他更加乐于重复好的行为。

"孩子总不爱刷牙怎么办?"
"那么,孩子有刷牙的时候吗?"
"有。"
"那你觉得他在刷牙和不刷牙的时候,会有什么不同吗?"

"她心情好的时候就会刷。"

"你有什么不同吗?"

"我更有耐心。"

当你心里对孩子想着"你是个不爱刷牙的孩子"时,孩子会接收到这种信息,配合你,成为一个不爱刷牙的人,这是潜意识的力量。孩子接收到的不仅是你的语言,更重要的是你传递的态度和信念。

如果你希望孩子成为一个自律的人,那么你首先要把他看成一个自律的人,这会导致你用不同的方式和态度与他沟通。面对一个不自律的人时,你会不耐烦地对他说:"你怎么会这样?你为什么不能控制好你自己呢?"而面对一个自律的人,你可能会赋予他更多的自主权,比如充满信心地对他说:"你想玩到什么时候?闹钟放到这里,你听着闹钟的响声。"

关于正向强化,你可以使用我们之前谈到的鼓励技巧,但有时候,你可能并不需要使用特定的技巧和方法,而只需要改变你看待孩子的视角。你需要相信任何事情均有积极改变的可能,当我们把关注点从问题转移到关注发生积极改变的时候,事情的走向会变得不一样,因为你的潜意识已经把孩子看成一个有能力、值得信任的人。

当我们把孩子真正地视为孩子,而不是一个不成熟的成人时;当我们一切以孩子的实际需要,而不是我们的期望和想象为出发点时；当我们能接纳当下自己的不完美、不成熟时；当我们不断地积极实践和反思时，我们在养育这条道路上也就拥有了更多的选择。而支持引导型的五步法就是其中的一项选择，你可以按部就班地使用这五个步骤，也可以根据实际情况拆分开来使用。

当了解到这些，你会发现这套方法需要你付出很多的精力，但它会起到长久的作用。因为你对孩子产生影响的这个过程就是你与孩子亲密联结的过程，只要关系还在，影响就在。这种影响是深远的，你的孩子正是用你与他互动的方式，和他身边的人、他的伙伴、他未来的另一半以及他的孩子进行沟通。

而如果你还是困惑于如何将"RULER沟通模型"应用于日常育儿，不妨试试从下一章的例子中找到你的答案。

第14章
迎接父母的挑战，这些实操案例用起来

在学习前面的方法时，相信你的脑海里肯定会浮现出自家娃的很多场景，像哭闹、打人、拖拉、不合群……你是不是很想把学习到的方法和实际结合起来？所以，在这一章的内容中我们一起来继续解决一些实际的问题。我会提供一些方法参考，但方法一定不局限于此，相信你还可以想到更多行之有效的方法。所有的方法底层逻辑都是相通的，我们要先关注孩子的感受和需求，试着从帮助他们的角度来解决这些问题。有了这些思路，相信方法总比问题多！

孩子打人，只是教他打回去吗？

"宝宝16个月，总爱打人，在家打我，出门打小朋友，感觉是习惯性的动作。每次打，我都会说疼，不喜欢这样。让他摸一摸，他也会摸，但是下次还是会打，怎么解决呢？"

当孩子在生活中出现打人行为的时候，这可能并不全是坏事。

我们一起来了解孩子打人的行为背后有哪些需求，在面对这个情况时又可以怎么做。

"打人"背后的原因

·控制能力的有限

孩子在小时候尤其是 2 岁以前，自我控制的能力还很有限，控制不好手脚的轻重，所以会出现所谓的"攻击性行为"。年龄小的孩子的"动手打人"和成年人的行为并不相等，他们不管是开心、难过还是生气，都可能会用手来抓两下、打两下来表达感情，但因为控制能力有限，常常招致"打人"的误会。

·语言发育的不成熟

更普遍出现在男孩中，特别是 2 岁以前的男孩，他们的语言发育比女孩晚，倾向于用动作表达想法。加之在日常的探索中，面对来自父母的阻止、压制，他们更容易积累一些情绪，很多男孩喜欢用打的方式来表达他的需要和感受。

·对于周围人群的模仿

孩子在成长过程中，学习能力强、对什么都感兴趣和好奇的他们，喜欢模仿周围人的语言和行为。我的儿子在 1 岁半的时候，就曾模仿他的好朋友打人。所以当孩子出现打人行为时，也可以多多观察孩子周围的人。

·社交信号的出现

很多父母常常提到自己家上幼儿园的孩子会在没有任何缘由和征兆的情况下，突然打一下别的小朋友。其实这是他在释放社交信号。他想跟小朋友玩儿，但不知道该怎样加入，所以就用打两下这样的方式来表达——他有社交意识，但欠缺技能。

遇到这种情况，多数父母会制止孩子，告诉他打人是不好的，不可以打，但是没有教给孩子怎样跟别人社交。

孩子之所以会释放这种不得当的社交信号，会有哪些原因呢？

孩子缺乏与同伴互动的机会。孩子间的社交互动只需父母为他们提供适当的社交环境，孩子自然而然就能和其他小朋友进行互动，这是人的一种本性。但对于缺乏社交的孩子而言，他们欠缺练习的机会，自然难以适当的方式与他人互动。

家人与孩子的互动不积极或不正向。常见的不正向的互动包括吼和打等，以及家人很少和孩子玩互动游戏。孩子很难学会与别人进行积极的交互性的往来，社交技能也不容易正常发展。

·情绪的积累

以上种种都可能是孩子打人的原因，但更有可能是由于他心里有情绪在积累。内在情绪积攒较多的孩子会通过大喊大叫，或是摸摸这个、碰碰那个、打人等方式来转化体内过多的情绪能量。

那么，这些情绪是从何而来呢？一方面来自有问题的家庭关系，另一方面是教养方式，急躁、高压、过于控制的教养方式，都容易让孩子积累情绪。当孩子的内在情绪太满、无法处理的时候，就会跟着自己的本能行动，也就是通过打人的动作来宣泄情绪。

如何应对打人行为

虽然在生活中很难区分孩子到底因何种原因而打人，我们可以通过区分年龄段的方式，根据不同年龄的特点来应对孩子的打人问题。

·2岁以前

首先，无须进行过多干预。这个年龄段的孩子尚未形成足够成熟的语言能力，所以，会通过直接的行为来表达任何一种情绪，比如"打"。我们只需要在孩子"打人"之前尽可能预防：抓着他的手轻轻地摸对方或者打招呼。

> 我的儿子小米在1岁半的时候出现了打人的现象，我花了大概一个半月的时间，每一次在他要打人的时候，我都蹲下来，手搂着他的肩膀（注意不是面对面地阻止他）对着对方摆摆手，并且打个招呼"嗨！"大约过了一个半月后，他跑过去小朋友身边，举起小手，当我正要搂他时，小米朝着对方挥了挥小手。从那天起，他渐渐学会了使用正确的方式打招呼。

另外，注重与家人的相处模式。我们除了尽量不要对孩子打、骂、吼，还要用友好积极的方式和家人相处，因为家人之间的相处模式就是孩子与外面世界相处的方式。

• 2岁以后

第一，父母亲自示范。

父母通过自己与他人的互动为孩子"打样"，孩子在耳濡目染中会渐渐习得该如何与他人友好地相处。

第二，高质量的陪伴。

通过高质量的陪伴，父母得以和孩子逐步建立深度联结。孩子感受到的关注和爱多了，通过消极的方式获得关注（比如"打人"）的机会就少了。

第三，预防事情的发生。

通过陪伴、跟进来预防。在孩子习惯打人的这段时间，你可以"盯紧"他一点儿。比如，有一个小朋友在玩消防车，你知道孩子现在走过去很有可能会抢走那辆车，或者打那个小朋友，那么这一刻你能做的就是在孩子还没动手打人之前，及时进行干预。

你可以走过去，用手搂着孩子，跟他讲：

"你也想玩那个消防车，对不对？小朋友现在在玩车，我们可以对他说什么呢？"这是提醒，是一种可选的方式。

另外，如果你的孩子社交技能有限，还不会交换和等待的话，也可以引导他交换。你可以对孩子讲：

"你觉得我们可以用这个铲车还是吊车来交换呢?"

接下来,如果交换没有成功,孩子肯定会有失望情绪,在孩子没打人之前,你要马上积极地肯定他,可以继续抱着他说:

"我知道耐心等待是一件很不容易的事情,你很喜欢那辆车,看到小朋友在玩你肯定很着急,我知道你现在非常想马上玩到它,妈妈会和你一起等。"

你要告诉他"等很难受,妈妈会和你一起的",让他觉得是安全的。而在等待的过程中我们可以选择用安慰、转移注意力等方式帮孩子进行过渡。这个过程中孩子有可能会哭,没关系,哭也是他释放积压的情绪的过程。

第四,如果打的行为已经发生,着手解决。

我们未必每次都能预防成功,孩子打人之后,我们要做什么呢?习惯性的做法是让孩子去道歉,而很多孩子拒绝道歉,或者没好气地说句"对不起"。

道歉不是我们的目的,我们更希望孩子能够激发出同理心,会因为在意对方的感受和意识到自己为对方带来了伤害而道歉,而非"迫于压力"。

孩子打人之后,我们可以参考以下的做法:

首先,我们要去安慰被打的孩子。一是可以让对方家长和孩子消气,防止小事变大事;二是可以让孩子的情绪平复下来,让他的"理性大脑"慢慢恢复运行;三是你在向自己的孩子示范比道歉更重要的事情:同理心。

你可以对被打的孩子说:

"真对不起,他刚才打了你,让你很疼、很难过吧?"
"刚才他非常生气,他现在也一定很后悔打了你,他忘记用嘴好好说了,我现在要告诉他打人是不对的。来,先把这个车还给你。"

这种情况下,你可以直接拿走孩子手里抢过去的玩具,把他还给小朋友,行为坚定,但态度尽量温和。

接下来,可以对你的孩子讲:

"刚才你很生气,所以你动手打了他,你看小朋友哭得好难过,他应该会很疼,所以妈妈过去安慰了他,把玩具还给了他。那么我们要想一想,下次再遇到这样的情况,我们还可以怎么做呢?"

一方面帮助他理解小朋友的感受,这是在激发他的同理心;另一方面,你也认可了他的感受,不是一味地指责,关注彼此的感受和需求也是解决问题的契机。

第五,帮助孩子提升技能,找到表达情绪、宣泄情绪的安全方法。

当孩子生气、愤怒,想打人的时候,你可以教他一些小方法来应对。比如在出门前在孩子的兜里放一个可以捏的、软的类似弹力球一样的玩具，当他有情绪时，就跟他不停做这样的练习：停下来捏球，把情绪转化为动能释放出去。另外，让孩子学会在生气的时候，双手交叉在胸前抱住自己，这有两个好处，一是让孩子能够停下来，同时也是一种自我安抚。

当然，如果孩子总是打人，那么，你绝不能仅仅解决打人的问题，而是要思考：孩子打人行为的背后，是不是还有其他的原因？比如，是不是出于模仿？1岁的孩子就开始喜欢模仿周围人的行为了。或者，是不是社交信号？比如没有小朋友和他玩，他又不知道该怎么表达，只能通过打来吸引小朋友的注意？又或者是不是你最近关注他比较少，控制他比较多，打人只是孩子吸引你关注、反抗你控制的方式？还是他语言能力不成熟，不会用语言表达，所以就更多用手？

多想想孩子遇到了什么困难，需要你提供哪些帮助。当这些问题找到答案之后，相信你能更从容地面对和解决孩子的"打人"问题。

孩子说狠话、脏话，要纠正吗？

孩子说脏话的情况一般发生在3岁以后。3~5岁的孩子进入语言快速发展期，他们通过偶然的机会发现一些像"我要杀了你"这样的语言是有力量感的，因为他们能觉察到父母对这些话的反应，而这对他们而言也是一种期望的关注。

6岁以后的孩子进入学校以后,也会出于模仿跟其他孩子学说脏话,但他们模仿的目的除了体现力量感以外,还包括找寻归属感,好让自己成为群体中的一员。越是在家庭中找不到归属感的孩子越容易发生这样的情况,这种情况更容易出现在忽视型和专制型的养育环境里。

当然,无论多大的孩子,成年人的榜样作用都很重要,有些孩子说脏话是从家庭中学来的,这一点也需要引起我们的注意。

对于说脏话的情况,你可能听说过"忽略"这个方法。但是,孩子刚刚体会到这些词是有力量的,如果你不在其他方面做改变,仅是忽略他的脏话、狠话,他就很可能会把矛头指向其他人,比如他的弟弟妹妹、其他小伙伴等。毕竟这么好的力量感怎么可以浪费掉呢?所以,完全忽略并不合适。那么,是不是该给他讲道理,或者严厉地告诉他说脏话、狠话是一种不好的行为呢?如果你这样做,他很可能更想去说脏话、狠话,因为他得到了你的关注。

忽略和说教、教训都不是最好的方式,当孩子讲脏话、狠话时,我们该怎么做呢?

如何对待讲脏话、狠话的孩子

首先,示范是第一步。

你可以做出正确的语言示范,告诉他:"我知道你刚接触到了一些词,很想学,但这些词听起来让人很难受。你可以试试说'我现在很生气,我要气爆炸了!'"

你还可以向孩子示范你的同理心，比如告诉另一个孩子："听到哥哥对你说这些话让你很不舒服，我想哥哥是因为很生气才这么说的。"你可以让说脏话的孩子关注听者的感受，让他知道这些话会让人不舒服，伤害到别人。

第二，用"是"来代替"不"。

用"可以怎么做"来代替"不要怎么做"，这个方法适用于所有年龄段的孩子，这比单纯的忽略更有意义。当孩子告诉你"我要杀死他"，你可以跟他说："看起来你很生弟弟的气，你可以告诉他，我现在很生气，我希望你把东西还给我。"用这种方式来告诉孩子换个说法来表达愤怒。

第三，无条件积极关注。

说脏话是孩子的一种行为，当他发现这些话可以激起你的强烈反应时，他就感受到一股力量，他很迷恋这种力量，任何引起你关注的事情他都愿意一直做下去。正是因为这个原因，当你调整自己的养育方式，给予孩子积极正向的无条件关注（参看第7章），他能够加强联结和爱时，孩子就不需要通过说脏话、狠话的方式来吸引你的注意。因为他并不缺少你的注意，你用积极正向的方式满足了他。

第四，用游戏的方式化解。

6岁前的孩子说脏话可能是因为他们在生活中非常被动、无助，你可以有各种机会要求和限制他们，对于那些不喜欢受到限制的孩子以及受到父母太多控制的孩子来说，更是这样。所以，在孩子说脏话、狠话时尽量避免对抗，你不可能管住他的嘴，不妨让他继续发泄这些情绪，又可以把这些情绪变得无害。

游戏也是特别好的一种化解方式。因为笑可以激发信任的激素，这让孩子更乐于合作。如果你的孩子总爱说"我要把你撕成碎片"，你可以和他玩这个游戏，看你们谁说的话更有创意，比如，你说"我要把你撕成小星星"，他也可以说"我要把你撕成恐龙"，甚至可以说"我要把你撕成臭粑粑的形状"，最后你还可以用"无论怎样，我都爱你"来做结尾。在游戏当中，说得越搞笑越好，你们可以说得乐此不疲，不用担心这会强化你的孩子更乐于说这种话，你在让他用安全无害的方式来玩耍，这些字眼儿慢慢变得稀松平常，也慢慢失去对孩子那种新鲜、刺激的吸引力，但他和你的关系会更亲近，他也就更乐于与你合作，你们玩得越是开心，他就越不想再变回那个让你讨厌的孩子。

当然，游戏过后，你还可以告诉孩子，我们刚才是在玩游戏，只要他想玩你可以随时陪他玩这个游戏，但是除了游戏以外，家里任何人都不可以说脏话，因为那会伤害到别人。

第五，为孩子提供满足愿望的机会。

孩子很喜欢说关于屎尿屁的话题，他们会因此笑个不停，这不属于脏话的范畴，不要对这些话上纲上线。对于孩子来说，屎尿屁只是身体的一部分，和鼻子、眼睛没有区别，大部分孩子都会有一个关于屎尿屁的兴趣期，几个孩子聚在一起说这个还会笑个不停，放手让他们说吧，顺其自然就好。很多相关的绘本可以让孩子顺利过渡这个时期，这些绘本深受孩子们的喜欢，比如《是谁嗯嗯在我的头上》，还有一本《臭粑粑》。你可以利用绘本去满足他们的好奇心,甚至把里面的故事情节演出来。

第六,赋予孩子主动权。

你可以让孩子对说脏话拥有"自主权"。你可以告诉孩子,如果真的很想说那些话而很难控制自己时,可以去卫生间对着马桶说,说完之后再用水把马桶冲干净,让那些话跑到下水道里去,这样就不会伤害到别人,而且自己也不会控制得那么不舒服。孩子能从这样的方式中慢慢感受到自己对说脏话的掌控力,也能学会控制自己。

第七,和孩子一起探讨"脏话"。

对于大一些的孩子,我们还可以和他一起正面探讨脏话。这个年龄段的孩子已经拥有了一定的理解力。当听到他说脏话,在他冷静下来以后,问问他对这些话是怎么理解的。然后和他探讨听到这些话的人会有怎样的感受,告诉他只有在人觉得自己没有力量的时候才会说这些话,让他相信无论发生什么事情爸爸妈妈都会给他力量,所以他不需要通过这种方式去伤害别人。当然,对于小一些的孩子,比如6岁以内的孩子,我们可以简单点儿让他们关注听话人的感受:这些话会让人不舒服,会伤害到别人。比如告诉他:"我知道你刚接触到了一些词,很想学,但这些词听起来很伤人。"

"说狠话"可能只是孩子不会表达情绪而已,而孩子"说脏话"的行为背后,可能还有更多的原因,比如刚才提到的,孩子在模仿别人,或者在生活里被控制过多,没有自信和力量感,脏话只是他保护自己、让自己显得很强大的方式。无论怎样,淡定接纳、积极引导，孩子就不会依赖这些方式来表达自己，而会选用更正向友好的方式。

孩子手机不离手？打好这几针"预防针"

"天天抱着手机就是玩，真让人头疼。"

不想让孩子做低头族，作为父母我们可以做些什么？

孩子不是生活在真空环境里。无论你是在坐公交、地铁还是坐高铁，放眼望去，有90%的人都在看电子产品，我们的孩子就是生活在这样的环境里。所以，接触电子产品对于孩子来说是早晚的事情，我们无法一直阻止他们去使用电子产品。那么，怎样做好平衡呢？接下来，我们就来聊一下孩子接触电子产品的原则和方法。

第一，越晚越好。

美国儿科学会和我国国家卫健委等权威机构都建议2岁以下的孩子不适宜接触电子产品，不仅因为电子产品会对视力造成影响，还因为它可能影响语言和社交能力，甚至是自控力。提到自控力，你有没有发现2岁以前的孩子经常是做事情东一下、西一下呢？正看着书呢，没看两页被旁边的玩具吸引了，就马上扔掉书去玩玩具，这其实是因为孩子的自控力还没有发展成熟。所以，如果让一个2岁的、自控力非常不成熟的孩子接触电子产品，那么就容易产生风险——孩子很难控制住自己，更容易形成依赖，而且会干扰孩子自控力的健康发展。所以，接触电子产品越晚越好，至少要在孩子2岁以后。

你可能会想，孩子到3岁、5岁可能也会迷恋上电子产品啊？没错，电子产品的接触时间并不是单单针对年龄，之所以让孩子晚些接触，是希望在孩子还没有接触到之前多争取一些时间，培养他们一些好习惯，为孩子打足"预防针"。

第二，打好"预防针"，增强孩子的电子产品"免疫力"。

大家都给孩子打过预防针吧？打针的目的并不是从此就不会接触细菌、病毒，而是让孩子拥有对抗细菌、病毒的免疫力。

我们需要在孩子还没喜欢上电子产品之前，先增强孩子应对电子产品的"免疫系统"。这样，电子产品就只会成为孩子生活的一部分，而不会发展成生活的全部，也能避免陷入网瘾。

电子产品的"建议使用指南"

使用电子产品的准备包括以下几个部分：

·有陪伴

如果可以和家里人达成共识，大家都少看或者不看电子产品，那将是最理想的情况。但如果没达成一致，也要接受这个事实，毕竟家庭成员中每个人的习惯都不是一朝一夕就可以改变的。一般情况下，看电视、玩电子游戏比较多的孩子并不是单纯因为家里有人做了不良示范，更多是由于缺少良性的人际互动。

所以，第一个，也是最重要的准备，就是陪伴孩子，高质量的陪伴、互动游戏、讲故事、户外活动等都能让孩子找到更愉快的事情去做。没有任何一样东西可以取代亲情，特别是10岁以前的孩子，他们仍然是以家庭为核心的。很多沉迷网络的少年都是在虚拟世界中寻求在父母身上缺失的东西，比如父母的认同、陪伴，他们在家庭中的价值感、成就感、力量感、归属感都是缺失的。

所以，在孩子接触电子产品之前先稳固好与孩子的关系、联结这一根基，这样孩子才不容易被电子产品"夺走"。

在这里强调一点，不建议大家让孩子用电子类的学习工具进行学习。提高孩子智商和认知能力最好的方式就是与父母的互动，父母和孩子说话、进行游戏，才是对孩子大脑发育良性有效的刺激。

·有玩伴

人是依赖于群体的，同龄玩伴的作用至关重要，很多与同伴玩耍的乐趣是父母无法提供的。因此，为孩子寻找固定的玩伴也是必要的准备工作。有了玩伴，当其他小伙伴找他玩时，你的孩子就愿意放下手机，一同享受游戏的乐趣，从而暂时远离电子产品。

·有正向刺激

电子产品的声和色所带来的感官刺激对于许多成人来说都难以抗拒，更何况控制能力有限的孩子。存在感、价值感很强的孩子较容易抵抗住这种诱惑和刺激，但对于那些不太强的孩子，更容易受到吸引，特别当他们无聊或者有情绪时，对于这种刺激会毫无免疫力，并且很容易沉迷其中。

所以，我们可以适当地为孩子提供一些正向的感官刺激，这是我一直所说的"扶正而祛邪"，比如带孩子去观看儿童剧、音乐剧，多去郊外接触大自然或者去旅行。孩子的感官刺激越正向和丰富，他就越不容易迷恋电子产品所带来的刺激。眼界大了，心也就大了，多给正向刺激永远比躲开负面刺激要更为有效。

电影也建议等到孩子六七岁以后再看，因为小孩子的视觉、听觉还不成熟，而且很多电影并不完全适合小孩子的心智，可以多带孩子看儿童话剧、音乐剧和听音乐会等，会更为有益。

· 有兴趣爱好

第9章中，我们谈到了现实成就，孩子渴望在"我能行"这个过程中获得胜任感，这实际上也是兴趣发展的过程。

我们不是要为孩子指定兴趣爱好，而是尽量为孩子创造接触各类兴趣爱好的机会，在这个过程中，激起孩子的好奇心，当孩子有了好奇心以后就更愿意去重复这件事情。在重复的过程中获得一些技能，由此产生兴趣，接下来通过学习、指导、练习，孩子的技能不断提升，最终发展成爱好。

我的儿子小米非常迷恋足球，用他的话讲"每天不踢球脚都会痒"，他也打过几款手机游戏，但这些东西对于他而言都没有足球有吸引力。一开始只是偶然和爸爸踢着玩，后来越来越感兴趣，报了个足球班,在技能不断提升的过程中,他的信心越来越足,现在发展成了稳定的爱好。作为陪练的爸爸也逐渐退出,因为在技能上已经不再是他的对手。

因此,我们鼓励孩子至少培养一项兴趣爱好,尽量多样化,可以是运动、艺术或阅读。内心充实的孩子更容易抵抗来自电子产品的诱惑和刺激。

第三,赋予孩子决定权。

让孩子有决定权,这种掌控的感觉会让他重获力量感。对于下载什么游戏、玩多长时间、谁来上闹钟、时间到了后要做什么,尽量让孩子来决定,孩子越是拥有一些主动权,就越是乐于合作,能减少我们在和他沟通电子产品这个事项上的摩擦。

刚刚我们谈到了四点孩子在接触电子产品前的准备,如果孩子已经接触并喜欢上了电子产品该怎么办呢?

首先,没打的四针"预防针"要补上:有陪伴、有玩伴、有正向刺激、有兴趣爱好。

其次,要为使用电子产品设置规则界限。

一是学会利用第三方资源。因为比起父母的话,孩子都爱听别人的。所以,不妨和孩子一起在网络上查一下"看电子产品多久不伤害眼睛?",也可以问问医生,当听到了官方的提醒,也许孩子会更愿意配合。

二是事前提醒。有妈妈讲,孩子明明说好看完三集动画片就不看了,但是之后还嚷着再看。一方面,我们不能指望着小孩子可以很好地控制好自己,他们的大脑还不成熟;另一方面,我们可以提前一集或者提前一小段时间提醒孩子，比如"再看最后一集，看完后妈妈还想和你玩游戏呢，我等着你啊。"

有很多父母说上闹钟来提醒孩子结束的时间，这个方法是不错，但不要在分钟上一刀切，以集或局为单位更合适些，不能总是让孩子看到快结束就马上关掉。长此以往，会让孩子因为扫兴而抵触配合。

三是接纳感受、温和坚持。如果孩子按约定看了三集，已经20多分钟了，他还想看，那么你可以走过去，搂着他的肩膀告诉他："妈妈知道这个动画片很有意思，想跟小猪佩奇说再见真的很难，你都舍不得它。我们明天还可以看，现在我们做点什么呢？你想玩会儿乐高，还是和妈妈出去散步？"如果孩子哭，那么就陪他哭一会儿，孩子在被接纳和理解之后会有更多的力量面对现实。

要知道，电子产品不是孩子的需求，是孩子为了满足需求而寻求的替代品，而孩子最深层次的需求就是爱和关注。所以，与其寻找让孩子放下手机的方法，不如让他重新感受到爱和关注，这会远胜过一切的方法和话术。

做事东一下、西一下，怎样让孩子更专注？

"做事总是丢三落四、小动作多，一件事没做完又去分心做别的事。"

很多父母常常提到孩子的三分钟热度，做事东一下、西一下，看书翻两页就放在一边，刚玩了一会儿玩具就放下去拿另一个。这种情况让他们担心：孩子会不会一直缺乏专注力？会不会影响以后的学习？

有很多爸妈认为自己孩子的专注力不够好，实际上这不过是一种臆测，而不是事实。之所以会有这样的认识，仍然与我们读不懂孩子有关。

如何发展孩子的"专注力"

第一，尊重孩子的发展需求。

之前有谈到，专注力意味要将视觉、触觉、听觉等感官集中在某一事物上，这与孩子的发育程度有关。

孩子的专注力发展历程如下：

2岁以下：以无意注意为主，既没有预定的目的，也不需要意志监管。孩子常常漫无目的地东玩一下、西玩一下，这是正常的，这个阶段他们的专注力全靠兴趣所吸引。

2~6岁：5~15分钟。

6~10岁：15~20分钟。

10~12岁：25~30分钟。

12岁以上：超过30分钟。

总的来说，孩子越小，专注在一项事情上的时间就越短。但这些与年龄相关的专注力时长并不绝对，因为专注力受到兴趣、动机、周围环境等多种因素的影响。

所以，我们千万不要仅仅根据时间去猜测和焦虑孩子是不是专注力不足，是不是有些多动，绝大部分的孩子在专注力上都是没有问题的。究其根本，我们需要尊重孩子的发展需求。

第二，以激发兴趣、动机为主。

无论孩子多大，专注力都与其兴趣、动机息息相关。我们在前面章节提过游泳的例子，一些父母急于教会孩子技能，一些父母先激发孩子对水的好奇心和兴趣。那些对水有好奇心和兴趣的孩子学游泳可能更快，他们在游泳上的专注力也会更持久。

有些父母在安排孩子活动时，忽略了孩子的兴趣，强迫孩子去学习父母认为重要的技能。例如，孩子明明喜欢跳舞，却被要求学习下棋，而且是在孩子对下棋不感兴趣的情况下学习；或者当孩子在看书时扭来扭去，却被要求认字、看书时不可以乱动等。

作为父母，我们关注如何让孩子更持久地专注在一件事情上时，应该着眼于如何激发孩子在某个领域的兴趣。

如何激发孩子的兴趣呢？首先，让孩子有机会通过玩乐的方式接触感兴趣的东西。例如，学游泳前先让孩子体验水的乐趣，学习踢足球前先玩球，学画画前先涂鸦。允许孩子自由探索，引导他们去发现乐趣，这样孩子的兴趣就会自然而然地产生。如果孩子真的对某个事情没有兴趣，我们也不应该强求，也许他们的兴趣在其他地方，我们应该继续鼓励他们去发现自己真正喜欢的事物。

此外，我们还应该帮助孩子拓展兴趣范围。如果孩子最近对恐龙很感兴趣，可以让孩子先从读一本恐龙书开始，慢慢地带孩子去参观自然博物馆，再找机会带孩子去看化石、挖掘化石。通过从广义的层面上拓展孩子的兴趣，我们可以培养他们更深入的专注力。

第三，顺应孩子，避免干扰。

在很多情况下，成人的介入常常会扰乱孩子的专注，使他们的注意力变得分散。我们应该学会减少对孩子的干扰，顺应孩子的节奏。

正如我们在前面提到的安全感，顺应孩子也包括不打扰孩子正常的活动节奏。你会发现很多不专注的孩子背后，都有一个忙活的家长：

孩子在搭积木时给他递水；

孩子正在专注做事时，让他停下做别的事；

孩子正在倒着玩滑梯、爬高时，大惊小怪地阻止他而不是耐心等待和默默保护；

……

每个孩子都有自己内在的节奏，我们应该顺应他。在想打断孩子之前，先问一下自己"我现在可以等等吗？"不如慢下来，蹲下来，多看看孩子在做什么，尊重他的节奏。

第四，调整孩子使用电子产品的时间和频率。

有些父母为了省事，让孩子自己玩手机或者 iPad 来打发时间。然而，长时间过度使用电子产品，可能会降低孩子对其他活动或事物的兴趣。前文提到了调整孩子对电子产品依赖的方法：一方面我们要打好四管"预防针"，另一方面要温和、坚定地执行界限。当然，最关键的是父母的榜样作用，学会自己放下手机，尽量陪伴孩子并积极参与他们的游戏，引领孩子玩得更深入、更长久、更有创意，孩子能慢慢习惯将注意力更长时间地集中在某项活动上。

第五，避免过度关注孩子。

在之前的内容中我们有提到关注的重要性，但是过度的关注可能也会带来问题。孩子除了有被关注的需求外，还有独立和独处的需求。关于何时应该陪伴孩子，何时应该让孩子独处，需要根据具体情况而定。

当孩子正在阅读一本书或专注于某项活动时，应该尽量让他一个人独处，当他需要帮助或寻求陪伴时再积极参与进来。比如，你可以在旁边陪着孩子，但是不一定直接和孩子玩，如在孩子旁边看书。有些3岁以下的孩子在做事情时可能经常来找你抱抱，他只想来找妈妈联结一下，而并非真正需要你的参与。如果孩子没有要求你和他玩，那么，在旁边继续陪伴就好了，孩子会继续专心完成自己的事情。

第六，保持家庭关系稳定。

家庭中的冲突可能导致孩子分心，并将所有精力用于应对情绪。因此，我们需要在家庭中创造一个稳定和谐的环境，减少可能引起冲突的因素，使孩子能够在安定的氛围中培养专注力，更好地投入学习和兴趣爱好中。

总而言之，专注力不是培养出来的，而是孩子自然生发出来的，我们要做的就是保护它，不断激发孩子的兴趣，让他能持续感受到热爱，他自然可以专注在一件事情上，甚至有可能喜欢上一辈子。

拖拉、磨蹭，不吼就不动，该怎么办？

"做事拖拖拉拉，总是磨蹭很久才肯出门。"

磨蹭，这个让许多父母都困惑和头痛不已的问题，或许是家庭教育中的一个普遍难题。有的父母反映孩子早上起床时磨蹭，有的说孩子在晚上洗漱时磨蹭，有的说孩子写作业磨蹭……面对这么多磨蹭的情况，我们应该怎么办？本章将聊一聊众多磨蹭问题的起因，以及如何解决孩子的磨蹭问题。

磨蹭背后的需求

·生理需求

孩子内在的节奏是有区别的，尤其是一些忧郁型、冷静型、偏内向气质的孩子。他们善于观察和思考，凡事需要有近七成的把握才会尝试，所以他们把时间花在观察和思考上。表面上看他们都是慢性子，然而这出于他们内在的节奏。正因如此，他们才会拥有专注、有条理、不易冲动等诸多优秀的品质。这类孩子往往越催促越慢，因为你的干扰会影响他们的思考。

此外，孩子的节奏本身就比成人慢很多。成人以目标为导向，而孩子更注重过程，所以他们在穿衣服的时候可能会因为研究手里的纽扣"浪费"掉很多时间，这正是他们认知和探索的过程。当然也有一种情况，那就是父母放大和固化了孩子的"磨蹭"，其实孩子只是按照正常的节奏行事，但因为父母自身的焦虑、压力和不安，就认为孩子在磨蹭，不停地催促他们。

・关注的需求

如果我们没有给予孩子足够的关注，那么孩子也可能会做事慢吞吞。当他久久不肯去洗漱，一直哼哼唧唧地要你陪他玩这玩那时，很可能是你没能通过关注给予他高质量的陪伴。

・独立的需求

当我们不停催促孩子的时候，一切是以我们自身的时间规划和节奏为核心的，这时，我们并没有把孩子当成独立的个体来看待。即使孩子在玩，他们也是专注于某项任务。没有人喜欢自己专注做事时被一再打断，催促本身就是一种越界的行为。长此以往，这种不断越界的行为会让孩子通过逆反的方式来寻求对自己心理边界的保护。

有时候，我们唠叨、说教、责备、威胁的态度容易让孩子的关注点从事情本身转移到我们的态度上来，孩子很容易产生被控制的愤怒和羞耻感，由此产生对抗的情绪。他发现只要自己一磨蹭，爸爸妈妈就会着急，这让他既捍卫了自己的心理边界，又满足了独立自主的力量感。

• **技能的需求**

孩子的技能水平有限，即使是穿衣、吃饭这样的小事也会花去比成人多几倍的时间，更何况在做事的过程中也免不了要探索一番，那将会花去更多的时间。如果我们能耐得住性子，满足孩子的好奇心，给他机会不断练习技能，当他满足了自己的探索欲望又获得更成熟的技能时，他们的效率就会更高。

• **胜任感的需求**

很多情况下，是我们阻碍了孩子获得胜任感，导致孩子磨蹭。比如，我们看到孩子自己穿衣服太慢时，就着急上手替他穿，此时孩子如果哭闹着不同意，我们就会批评他乱发脾气。长此以往，孩子怎么会认为自己是一个有能力、被认同的人？又怎能拥有做一件事情的动机呢？

另外，我们会过多地替孩子承担行为的自然后果。当孩子磨蹭不起床时，我们冒着上班迟到的风险送孩子去幼儿园，也不忍心让孩子直面迟到的后果。日复一日，孩子就会认为"这是妈妈的事情，不是我自己的事情，我不需要为此负责任"，孩子的胜任感也会因此受损。一个缺乏胜任感的孩子会对很多事情缺乏兴趣和动机，做事情时也提不起兴致，自然而然就会拖延。

了解了孩子磨蹭背后的需求，我们又该怎么好好"治治"这个磨蹭习惯呢？

对症下药"治"磨蹭

·提前计划预留时间

对于一些必须在特定时间段完成的事情,可以提前让孩子做好相应的准备。比如早上孩子动作慢,上学容易迟到,我们需引导孩子早起,提前预留准备时间。另外,提前一天准备书包和物品,也是一个好的时间管理的习惯。

·避免唠叨,用简单的语言提示信息

我们应该避免唠叨、说教和责备,可以给孩子一些"友情提示"。例如,让孩子在听睡前故事前刷牙,可以用简单的"刷牙"或"要讲故事啦"来提醒孩子,而不是"你再不去刷牙,我就不给你讲故事了"。有很多时候,简洁明了的方法也是非常有效的。

·鼓励孩子独立自主

鼓励孩子的独立自主性,而不是一味地控制他,比如,"你想妈妈抱着去刷牙,还是爸爸扛着去刷牙呀?"

当孩子在时间管理方面有进步时,别忘了实时的鼓励,比如,"今天你只用了2分钟就系完了鞋带,比上次提前了半分钟呢。"

·进行"时间管理"游戏

搜集一些有关时间管理的游戏,像一起玩"1分钟可以捡多少个豆子""拍20次球是多少分钟"等游戏。在跟孩子一起玩游戏时,

可以一起约定一个具体的时长，这样可以帮助孩子逐步认识到"1分钟可以做些什么事情""10分钟可以做些什么事情""1个小时可以做些什么事情"……久而久之，孩子就能慢慢建立对"时间"的概念，并意识到失去的时间是不能重来的。另外，提醒孩子的时候，不要再说"快刷牙"，而是提醒时间，比如"6点了，现在是做什么的时间啦？"帮助孩子把时间和事情对应上，增强他的时间概念。

解决拖拉磨蹭问题，要改变的不是孩子，而是我们看待这个"问题"的视角：是孩子遇到了什么困难，或是能力不足？抑或是他在这件事情上没有信心？还是我们最近的生活里一地鸡毛，导致我们也感觉生活索然无味，失去热情，而这种状态也影响到了孩子？如果你尝试了很多方法后孩子还是磨蹭，建议你不要每天都催着、盯着孩子了，从自己的生活开始改变，享受早上的第一缕阳光，让自己充满能量，相信这种感觉一定会慢慢感染到你的孩子。

都说要让孩子做决定，选择到底该怎么给？

"去游乐园还是超市？你自己来选。"

做选择，是日常生活中很常见的环节，对孩子而言，也是成长过程中必修的重要科目。

在动机心理学家的眼中，"选择"是影响人的自我价值的重要方式，自我价值又是维护胜任感的首要要素。那我们应该怎样正确看待和使用"选择"呢？

第一，选择让孩子提高做事情的动机。

我们经常会让孩子做选择，但需要清楚的是选择的真正意义和价值是什么。选择权是人的基本需要，是体现胜任感和维护自我价值的方式。但是我们必须从多个角度来验证选择的效应，只有真正的选择才可能提升自我胜任感。

有些选择其实是无效的。

在赋予孩子选择权时经常会出现一种情况：你假装让孩子做决定，实际上自己保留了真正的决定权。

比如问孩子："你想现在收玩具还是一会儿收，一会儿收可就看不到动画片了。"本质上这不是一个真正的选择，而是隐含了一个信息：现在收玩具，否则你就没法看动画片了。这更像是带有温柔色彩的威胁。

第二，选择意味着尊重孩子是独立的个体。

有时候，我们太急于让孩子听我们的话，按照我们的要求行事。而真正的选择是要建立在把孩子当作独立个体的基础上，不是掺杂太多我们的主观意志，不然就失去了让孩子选择的意义。

当你问孩子：你想穿什么呀？

孩子告诉你：我穿这件。

反过来你又说：这件不行，这件太厚了，你不热吗？

孩子说：那穿那件吧。

你又说：那件黑色的呀，大夏天的，穿黑色不闷吗？

最后，孩子什么都不选了。

这种选择不如不给，你问孩子只是表面上尊重他的想法，实际上话语间却充满了控制，希望孩子完全按照自己的意愿行事。多做一些这样的觉察，多问问自己"我真的在让孩子做选择吗？这个想法是我的还是孩子的？"相信慢慢地，你可以给孩子更多自我决定的空间。

第三，建设性的选择让孩子更乐于合作。

当孩子拥有一些主动权时，他会更乐于合作。很多情况下，孩子的不合作也许是因为他的自我决定的需要未能得到满足。

（家里的积木遍地乱放。）
妈妈："你是想收红色的积木还是先收绿色的呀？"
孩子："我都不收。"

你该怎么办？

首先，当孩子有收玩具的意愿时，你问他想先收哪一个，他也许会与你合作，选其中的一个收拾。但如果他丝毫没有想收玩具的意思，很显然，他不会接受你给出的选择。正因如此，我们才说选择的前提是要尊重孩子是一个独立的个体。这是当下他的选择。他不见得是有意要和你抗衡、惹你生气，也许他现在真的不想收。

在感觉孩子还不太想收玩具的情况下，你还可以试试别的方法，比如：

- 用做游戏的方式让孩子和你一起收玩具，收的时候再问他想先收什么颜色。

- 加入一个让孩子感兴趣的选择范围，比如喝酸奶。例如：你想收完玩具再喝酸奶，还是先喝酸奶再收玩具？

- 可以等候一下，当下不收玩具并不代表之后不收。任何你不接受的行为发生后都要记得联结。当你与孩子重新建立深厚的联结时，孩子在接下来的时间会重新回到合作的轨道上。所以，和孩子玩会儿游戏，大笑一下，等玩完以后，再一起收拾玩具。那时，孩子是自愿和你一起收玩具，而不是当初那种你控制他一定要让他收的情形。收玩具至少不会变成让孩子特别厌烦的事情，接下来，更有可能成为他的积极的习惯。

我知道，这并不容易，你甚至会担心，难道每次让孩子做点事都要这么费劲吗？事实上，形成一个习惯并不需要太长时间，重要的是我们用积极、稳定的方式帮助孩子形成习惯。在这一点上，重要的不是方法，而是你选择怎样看待孩子的行为。

当孩子拒绝你提出的收玩具要求时，你可以选择认为这是他在和你对抗，是他养成了不好的习惯，所以你对他吼叫、把玩具收起来一个星期不允许他玩；你也可以选择认为，孩子也许是在向你寻求关注；也可以认为这是孩子当下的决定，他只是现在不收而已，早晚都会收。满足双方需求的方式有很多，多做一些积极的尝试对双方都有好处。

有时候，育儿是一项有创造性和建设性的工作，选择本身就带有灵活性，尊重这种灵活性，也意味着你尊重孩子是一个独立的个体，理解"他们借助你来到这个世界，却非因你而来"的道理。

孩子不合群？作为桥梁，你很重要

"怎么让孩子多和别的孩子一起玩？每次孩子都是在旁边看，不跟他们玩。"

"孩子总是一个人玩，其他孩子都是聚在一起玩的，他是不是不合群？"

当孩子看似没法融入同伴的朋友圈时，我们常常会烦恼，担心孩子今后上了幼儿园、小学会怎样。特别是在幼儿园里有一些孩子经常独处，没有玩伴，这总是令家长很头疼。

对于这些情况，我们要分清楚状况。有时候是孩子想独处，有时候是孩子想融入朋友但不知道该怎么做。这一点，我们是可以凭直觉感知出来的。

对于3岁以前的孩子，他们处于平行游戏阶段（参看第10章），你会发现即使两个孩子在一起玩，但也经常是各玩各的，没有交集。慢慢地，通过学会交换、等待，他们有了更多的互动，孩子们的社交技能也在不断发展，开始有了交互型的游戏方式。

3岁后的孩子，安全感仍在建构之中。有时候，孩子会有很多顾虑：不知道那些陌生的小朋友在干什么，他们是怎么玩的？如果我去了会发生什么？很多未知的因素让他不太敢于去尝试。所以作为父母，我们此刻一定要让孩子感到安全，安全感会让他们在社交上有更多的主动性。

当孩子很想加入玩伴当中，但又不知道该怎么加入时，我们可以怎么帮他呢？

孩子融入同伴社交的方式

第一，接纳孩子的节奏，先允许孩子在旁边观察。

之前的内容中我们提到，有的孩子就是喜欢先观察。我们可以在旁边和他一起观察，而在观察的过程中，遇到一些有意思的情况时，孩子的兴趣点也许就会被调动起来，这时候可以趁机鼓励孩子一起去玩。

第二，为孩子做示范。

我们尝试用孩子的方式向他示范如何加入同伴，比如带着孩子走到同伴身边参与游戏。如果只是一个小朋友，那么，孩子不需要一定问"我们能一起玩吗？"，有些孩子可能会本能地拒绝，回复说"不可以"。我们可以鼓励孩子直接加入，凑过去玩就好了。

这时候会出现两种情况，一种情况是那个孩子答应了，那就皆大欢喜；另一种情况是那个孩子不同意，这也没有关系，你还可以说"哦，那好吧，我们去玩别的"，然后和孩子一起到旁边去搭积木或者玩别的。

你的示范不是一定要以成功的结果为目的，孩子会看到妈妈也会失败，虽然失败后很遗憾，但我们还可以选择去做别的。如果孩子在这样的过程中很难过，那么共情他的感受，让他把难过释放掉就可以了。

第三，在家里进行角色扮演。

孩子以右脑为主导，这意味着他们更倾向于通过体验和情绪参与来吸收和内化信息，而非仅仅依赖你的语言传达，因为语言和逻辑需要调动他的左脑，而非占主导的右脑。正因如此，角色扮演这种有情绪、体验的方式是解决孩子社交问题的一种非常有效的工具。

在前面我们分享了3个角色扮演的小技巧，分别是使用玩偶、由浅入深和重复进行。当孩子慢慢开始对扮演小动物有了兴趣，你可以趁机让孩子参与进来，让他来演小熊或者小兔子。如果孩子还不想演，那就再等一等，这个过程越是有趣，就越是吸引孩子。只要是有趣的事情，孩子就更容易吸收。

第四，继续为孩子创造历练的机会。

我们重温一下之前提到的用玩具小熊进行角色扮演的方式，如果孩子还是犹豫不决，不敢和小朋友表达的话，可以问孩子"这时候，小熊会怎么说呢？""好，那你带着小熊去好吗？"作为孩子熟悉和安全的伙伴，他的小熊能让他有更多的信心。

第五，参与进来，创造互动的机会。

你可以主动为孩子创造一些与人互动的机会。比如和小朋友之间，你可以主动借小朋友一个东西，然后请孩子帮忙还回去；在饭店吃饭，你问服务员要菜谱，请孩子帮忙还回去。在这个过程中，父母主动进行了示范，而且帮孩子和对方建立了简单的联系，久而久之，孩子在与陌生人接触的过程中就会越来越自然，在与小朋友交往的过程中也会慢慢主动起来。

我们还可以为孩子准备一些和同伴的"三人游戏"（参看第10章），比如三人传球游戏、飞盘游戏、"木头人"等，这些游戏都可以在欢乐中让孩子慢慢熟悉与人的互动和接触。

当然，一个孩子是否能与同伴友好、自信地接触，根源在于他的安全感与自信，拥有安全感和自信的孩子可以在任何情况下与他人交往都游刃有余。所以，永远是育人先育己，当我们学会为孩子提供安全感和自信时，当我们和孩子在家里有更多积极友好的互动后，孩子就会自然而然地吸收和内化这些方式，从而和身边的小朋友接触，他就能够自然地发展出卓越的社交能力。

因此，作为父母，调整好自己的情绪，建立健康的家庭关系，建立积极有爱的亲子关系，便是在帮助孩子建立一个积极的社交模型，孩子也会用这些学到的方式和整个世界相处。

老公不带娃？试试这样做

有很多研究表明，爸爸对孩子的自我形象和自我价值感的影响比妈妈更大，也就是说决定孩子未来够不够自信，觉得自己够不够好的那个人，更多的是爸爸。

来自爸爸的影响

著名的家庭治疗大师萨提亚提到：妈妈是给孩子安全感的，爸爸是给孩子自信的。所以，我们会发现，孩子在3岁以前更多地黏妈妈，和妈妈发展依恋关系；安全依恋的基础打完后，到了3岁左右，孩子开始更多找爸爸玩，这也是孩子自信发展的必经之路。处于这个阶段的孩子对游戏的需求量增加，而爸爸天生具备游戏力，在游戏中孩子跟爸爸之间建立了亲密的联结，孩子体验到"爸爸喜欢和我在一起玩"的愉悦感，从而形成了"我是有价值的，我是有能力的，我是可爱的，我是自信的"的认知。因此，爸爸跟孩子的游戏是发展自信很重要的方式。

除了游戏，爸爸和孩子的沟通所产生的影响要比妈妈的影响更大，同样一句鼓励的话，爸爸说要比妈妈说更有力度，指责与否定的话也同理。因为很多爸爸和孩子本身情感联结就不足，所以一旦有批评指责，孩子就会觉得爸爸不喜欢自己、不爱自己。

当然，即使知道了爸爸陪伴的重要性，仍然会有很多爸爸是缺席的。很多妈妈得不到老公的支持，带娃很无力，进而把所有的情绪发泄到孩子身上。

爸爸不带娃，有很多原因，比如爸爸自身在原生家庭中就没能得到父爱和母爱，所以同样没有办法爱自己的孩子；家庭中妈妈过于强势，很多事情亲力亲为，对爸爸的控制和要求较多，导致很多爸爸直接逃避带娃的责任；爸爸没有做好相应的心理准备，对带娃也没有自信，不主动承担责任；又或者夫妻关系存在问题等。无论怎样，孩子都需要爸爸，等待爸爸完全做好带娃的准备是需要时间的，这也会让很多妈妈感到焦虑和无助。

与其等待，我们不如做好爸爸和孩子之间的桥梁，加强他们之间的情感联结。情感有了，爸爸和孩子的关系才会更加紧密。

充当父子关系的"桥梁"

如果你是妈妈，那么，你可以试试以下几种方法。当然，如果你是爸爸，想让妈妈帮忙带娃的，也是同样的操作：

· 创造爸爸和孩子一起玩的机会

爸爸天生具备游戏力,而孩子也渴望游戏。所以,如果你一开始就让爸爸为孩子洗澡、陪娃睡觉,可能会让爸爸很难下手,倒不如先创造机会让他们玩起来。你可能会说,老公一陪娃玩就看手机,把孩子晾在一边。那么,就改变下策略,你也加入进来,一起玩三人游戏,比如"一、二、三木头人"、桌游,等等。当他们玩得顺畅时,你再撤出。

· 建立孩子和爸爸情感上的联结

比如白天让孩子为爸爸画一幅画,让孩子在爸爸下班时为他倒杯水,让孩子将搭好的乐高拍照发给爸爸,或者告诉爸爸"孩子今天还在问你几点回来呢"等,尽可能作为桥梁多创造一些孩子和爸爸在情感上的联结。

这也特别适用于长期出差、工作在外的爸爸。我以前也经常出差,我在出差的时候有一个习惯,就是晚上我会尽量跟儿子视频,要么聊天,要么什么都不干,就是开着视频,孩子拿着玩具摆弄着,给我讲他搭了什么积木,或者就是开着视频一起洗漱,最后数123一起关灯,准备睡觉。

还有一些爸爸的做法是让妈妈在家里跟孩子一起记日记,记的内容是孩子每天发生的一些趣事或者印象很深刻的、值得记录下来的事。等爸爸回来以后就可以翻阅这些日记,翻的过程当中跟孩子就可以有更多的话题进行沟通了。

又或者让爸爸在临出门之前为孩子写一张便条,或者你写完了让爸爸签上名字,把便条放到孩子的床边。孩子收到爸爸出门之前的纸条,或者听到爸爸出门之前录的睡前故事,这些都是加强爸爸和孩子之间情感联结的方式。

·让爸爸感受到价值感

任何人都渴望发现自己的价值,我们更愿意主动、坚持去做有价值、有成就的事。多观察孩子在爸爸陪伴后的改变,比如更爱说话了、能在小朋友抢玩具时说"不"了、更开朗自信了等等,很多时候一些微小的改变很容易被忽视,爸爸更是没有机会觉察到这些微小的变化,所以多关注一些积极的改变,并及时向爸爸分享。

·多分享自己正向的案例

面对爸爸在育儿当中不恰当的做法,不要当着孩子的面指责,这只能带来进一步地争吵和埋怨。我们在亲子沟通中会强调接纳、引导和鼓励,夫妻之间也是如此。更好的做法是用成功的案例来替代那些爸爸不对的做法。比如跟爸爸分享"今天我看了一本书,儿子之前就是这个样子的,我学到了这个方法,然后今天我用了新的方法去应对,孩子就改变了"。你实践的案例无论成功还是失败都可以跟他分享。这些真实的分享的好处是,让爸爸看到,你不是要求他怎样做,而是在分享自己的学习和改变,这会促成你们之间更多积极改变的发生。

当然,我能理解,很多爸爸也有自身客观的情况和困难,比如说每天工作很忙、压力很大,有的爸爸回到家非常想让自己放松一下，比如说看一会儿电视、刷一会儿手机、玩一会儿游戏。这种放松我们能够理解，妈妈也应该多给爸爸一些放松的时间，多理解和倾听他在工作上的压力。爸爸放松过后，也应尽量多参与到孩子的养育和陪伴当中，因为孩子找你抱、要你陪的机会并不会一直都有。等到他们长大后你会发现，他们不再需要我们，曾经的关系也很难修复，而现在的这段父子、父女的相处时光将成为孩子往后生活的安全感和自信的底气。

希望通过前面的八个例子，可以帮大家更好地融会贯通学习到的方法。在使用这些方法的时候，也请大家记住，每个孩子不同，方法很可能对老大管用，对老二就不管用。但是，我们需要界定一下，到底什么才是"有用"？请大家明白，我们运用这些方法的目的，不是为了控制孩子，让孩子一味地听我们的话，而是在和孩子沟通的过程中，每一个方法都展现了我们彼此之间的尊重、信任。即便孩子没能马上听话照做，我们也在这个过程中不断地沟通、协商、妥协和尝试共赢，于此而言，这些方法都有着更长远的意义。

另外，虽然我不能在书里展现出孩子的每一个问题，但是也请大家相信，任何方法的底层逻辑都如此相通——接纳孩子的感受、看见和理解孩子的需求，积极地探索向前一步、解决问题的思路。我相信方法比比皆是，但是没有任何方法抵得过你不断提高的认知和思维方式，也抵不过你自身成长的价值，这也是我们为人父母最大的意义——借由孩子，我们重新生长。

后记

一次讲座结束后,一位妈妈拿着一束花走向我,对我说:"朱老师,能见到你真的太开心了。我的孩子才几个月大的时候,我就听了您的课,觉得自己好幸运。刚做妈妈时,我真的很迷茫,您给了我好多希望,您的课也伴随了我孩子的成长。现在,孩子已经5岁了,她既自信又快乐。我真的很感激您。"后来我得知,这位妈妈是从200多千米外的另一个城市赶过来的,她就是为了把这段感谢的话当面带给我。对于我来说,没有什么比那一刻更幸福的了。实际上这么多年,我也从这些家长身上获得了很多力量。

其实每一次讲课,最受益的人是我自己,每一次讲课都是在为自己积蓄更多的能量,我不停地在讲平和、尊重和接纳,这让我自己始终走在这样一条路上。写这本书的过程更是让我收获了巨大的成长,我得以把以往讲课的内容,重新做了系统性的梳理。在这个过程中我有了新的发现、新的反思、新的领悟。

这本书可能并不完美。我一直在思考怎样既能让大家了解方法和技巧,又能了解这些方法及技巧背后的原理和价值。几经修改,我试图把理论性的概念通俗化,书中所有的案例都是家长向我咨询的真实问题,我希望尽可能多地把实际的问题与方法结合起来,让大家更方便理解和应用,希望每个拿起这本书的人都能有所收获。

对于这本书的诞生,我要感谢的人有很多。

感谢我的丈夫陈革先生。他是这本书的第一位读者。他不仅给了我无数的宝贵建议,也给了我努力坚持的信心。

感谢我的儿子陈奕同。感谢他出现在我的生命里,让我享受到身为母亲的幸福;感谢他让我时刻反思自己的不成熟之处,让我"借由"他重新生长,更要感谢他一直坚持做自己,时刻提醒我,他是一个应该被尊重的独立个体。

当然,也要感谢我自己,感谢自己选择了家庭教育这条路,这让我一路幸福着、收获着、成长着。接下来的5年、10年、20年,希望这本书能如我所愿,陪伴更多父母和孩子成长;希望孩子们能够自信、快乐地过好自己的童年,从而过好这一生。